KB090592

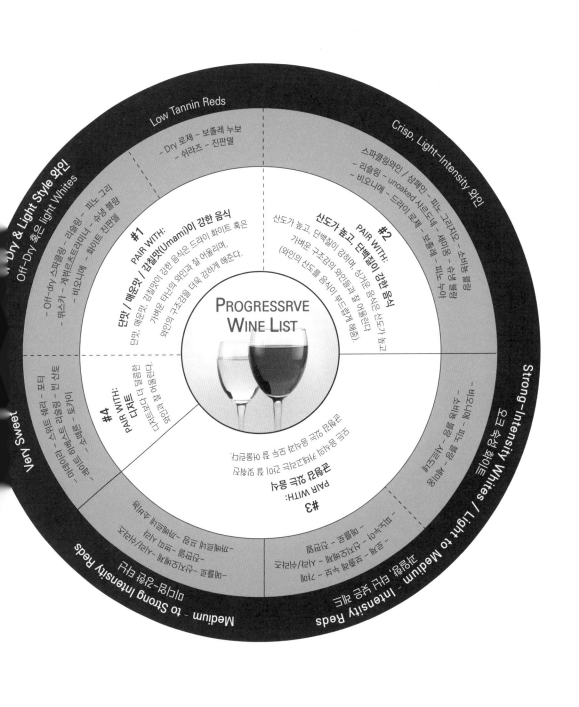

PROGRESSRVE
WINE LIST

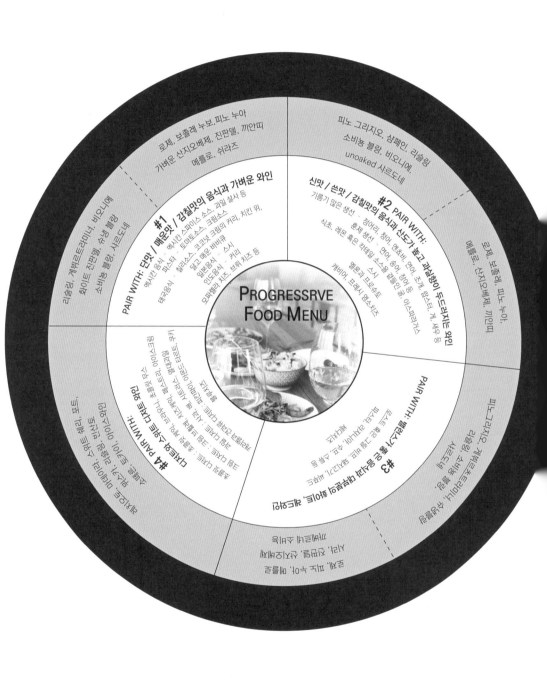

PROGRESSRVE
FOOD MENU

#1 단맛 / 매운맛 / 감칠맛의 음식과 가벼운 와인
로제, 보졸레 누보, 피노 누아
가벼운 산지오베제, 진판델, 끼안띠
메를로, 쉬라즈

PAIR WITH: 단맛 / 매운맛 / 감칠맛의 음식과 가벼운 와인
멕시칸 음식 – 멕시칸 스파이스 소스, 과일 살사 등
파스타 – 토마토소스, 크림소스
바비큐소스 – 칠리소스, 코코넛 크림의 카레, 치킨 윙
물고 매운 바비큐
일본음식 – 스시
인도음식 – 커리
모짜렐라 치즈, 브리 치즈 등
태국음식 –

#2 PAIR WITH:
신맛 / 쓴맛 / 감칠맛의 음식과 산도가 높고 과일향이 두드러지는 와인
피노 그리지오, 샴페인, 리슬링
소비뇽 블랑, 비오니에,
unoaked 샤르도네

기름기 없은 생선 – 정어리, 청어, 엔초비, 연어, 조개, 랍스터, 게, 새우 등
훈제 생선 – 연어, 송어, 장어 등
식초, 레몬 혹은 칵테일 소스를 곁들인 굴과 아스파라거스
멜론과 프로슈토
스시
캐비어, 프레시 염소치즈

#3 PAIR WITH:
향이 풍부한 음식과 타닌이 강한 (타르타의 향이 강한), 레드와인
카베르네 쇼비뇽, 시라/시라즈
피노, 말벡, 산지오베제, 네비올로
스테이크, 갈비, 치킨, 양고기, 오리 등

로제, 피노 누아, 메를로
시라, 진판델, 산지오베제
카베르네 쇼비뇽

#4 PAIR WITH: 디저트와 스위트 디저트 와인
토카이
초콜릿 – 샴페인, 아이스와인, 쿠키
과일 – 리슬링, 샤르도네
크림디저트
쉐리, 포트

스위트 셰리, 포트,
토카이, 비신토
마데이라, 등의예,

리슬링, 게뷔르츠트라미너, 비오니에
화이트 진판델, 슈냉 블랑
소비뇽 블랑, 샤르도네

메를로
로제, 보졸레, 피노 누아,
산지오베제, 끼안띠

피노 그리지오
샴페인, 게뷔르츠트라미너, 리슬링
샤르도네

제2판

WINE & FOOD
Pairing

와인과 음식

이자윤 저

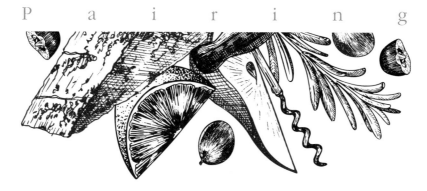

🅑 (주)백산출판사

21세기 우리의 라이프 스타일은 놀라울 정도로 변화되었습니다.

스마트폰의 보급으로 전 세계 다양한 와인 정보는 언제든 손쉽게 얻을 수 있는 시대가 되면서, 글로만 와인을 배우는 것이 아니라 와인을 직접 즐기고자 하는 사람들이 증가하고 있습니다. 그러나 와인은 알코올성 음료이기 때문에 와인만 즐기기에는 무리가 있습니다. 와인을 즐길 때는 항상 와인과 어울리는 음식, 즉 와인 마리아주(와인과 음식의 궁합)를 위한 끊임없는 시도와 고민을 하게 됩니다.

이러한 와인과 음식의 완벽한 페어링을 찾기 위한 우리의 와인 여정은 길고도 끝이 없습니다. 이유는 와인을 즐기는 대부분의 소비자들이 갖고 있는 와인에 대한 편견은 '어렵다, 특별하다'이기 때문입니다. 물론 쉽지 않습니다. 수백 종에 달하는 포도품종, 전 세계 와인 생산지역의 특징, 다양한 양조법 등등, 이 모든 것들에 대한 학습과 이해, 경험이 이루어져야만 와인과 음식의 페어링을 완성할 수 있습니다.

그러나 어렵다고 와인과 음식 페어링을 시도조차 해보지 않는다면, 생선에는 화이트와인, 고기에는 레드와인이라는 법칙을 끝으로 우리의 경험치는 마무리될 것입니다.

와인도 음식입니다. 음식을 맛있게 즐기기 위해서는 음식에 대한 흥미와 관심을 바탕으로 식재료, 조리방법 등에 대한 연구가 필요하듯이 와인도 마찬가지입니다. 와인에 대해서도 관심을 가지고 다양한 포도품종, 재배지역에 대한 학습을 하게 된다면, 와인을 대하는 태도와 와인의 맛이 다르게 느껴질 것입니다.

본 교재는 포도, 포도밭, 와인양조, 와인생산국에 대한 특징, 와인과 음식 페어링을 위한 개념 및 실전의 순서로 구성되어 있습니다. 특히, 포도품종에 대한 설명에서는 각 품종마다 어울리는 음식을 같이 제시하였습니다. 본 교재에 사용된 모든 사진은 와인과 처음 만난 2006년부터 해마다 와인생산지로 와인투어를 다니고, 매일 와인과 음식을 페어링하면서 최대한 자료로 활용할 수 있도록 직접 촬영하였으며, 와인과 음식 페어링은 매번 다양한 와인을 즐기며 누적된 경험치의 산물입니다.

와인을 처음 배우는 분들, 와인은 즐기는데 어떤 음식과 페어링을 해야 하는지 고민이신 분들께 미약하나마 도움이 되기를 바라며, 와인과 음식 페어링에 대한 경험으로 놀라운 미식의 세계를 즐기셨으면 좋겠습니다.

끝으로, 본서가 완성되기까지 항상 많은 도움과 응원을 해주신 (주)백산출판사의 모든 분들에게 무한한 감사를 드립니다.

자, 그럼 와인과 음식을 향한 여정을 함께 떠나보시겠습니까?

저자 씀

목차

CHAPTER 1

와인 이야기

CHAPTER 1

와인 이야기

1. 와인의 정의

와인이란 무엇일까? 열매를 발효시켜 만든 과실주를 모두 와인이라고 한다. 예를 들어 사과, 배, 복숭아 등 과일뿐만 아니라 쌀을 발효시킨 음료도 '와인'이라고 한다. 그러나 무엇보다도 당도가 높은 열매가 가장 좋은 와인이 된다는 것을 경험적으로 터득하였고, 풍미와 향, 맛을 골고루 갖추고 있는 '포도'로 와인을 만들기 시작하였다. 1907년 프랑스에서도 포도나 포도즙을 발효해서 와인을 만들어야 한다는 법으로 규정하면서, 다른 열매로 와인을 만들면 재료를 앞에 붙여서 명명하였다(예를 들면, 사과로 와인을 만들면 Apple wine, 딸기로 와인을 만들면 Strawberry wine, 쌀로 와인을 만들면 Rice wine으로 표기). 따라서 와인에 대한 정의를 한 문장으로 정리하자면 다음과 같다.

> 불어 : Vin(뱅), 이탈리아어 & 스페인어 : Vino(비노), 독일어 : Wein(바인)

와인이란 신선한 포도나 포도즙을 가지고 알코올 발효를 거쳐 만든 발효주이다.

이처럼 와인을 만드는데 많은 재료가 필요한 것은 아니다. 어떠한 첨가물도 들어가지 않고, 포도 하나만으로 와인이 탄생되기 때문에 와인을 '신의 물방울'이라고 표현한 것인지도 모른다. 전통적으로 와인은 화이트,

레드, 로제, 스파클링, 주정강화로 5가지 스타일이 기본이다.

와인의 분류를 좀 더 세분화한다면, 와인의 색깔(화이트, 레드, 로제), 잔여가스 함량(스틸와인, 스파클링 와인), 당분 함량(드라이 와인, 스위트와인), 바디감 (라이트바디, 미디엄바디, 풀바디), 기능(식전와인, 식중와인, 식후와인), 주정강화, 포도재배시기(구세계와인, 신세계와인) 등에 따라 분류할 수 있다.

> 액체의 무게감을 바디감이라고 한다. 무게감의 차이를 느끼고 싶다면, 물, 우유, 요거트를 순서대로 마셔보라. 요거트가 가장 무겁고 묵직하기 때문에 요거트를 먹은 후 우유를 마시면, 우유의 맛이 느껴지지 않는다. 따라서 와인도 라이트바디에서 풀바디 순서로 시음해야 한다.

표 1-1 · 와인의 세분화

구분	종류
와인의 색깔[1]	화이트와인 / 레드와인 / 로제와인
잔여가스 함량	스틸와인(Still wine) / 스파클링 와인(Sparkling wine)
당분 함량	드라이와인(Dry wine)[2] / 스위트와인(Sweet wine)
바디감[3]	라이트바디(Light body) / 미디엄바디(Medium body) / 풀바디(Full body)
기능	식전와인(Appetizer wine) / 식중와인(Table wine)[4] / 식후와인(Dessert wine)
주정강화[5]	일반와인(알코올도수 15도 이하) / 주정강화(알코올도수 17~20도)
포도재배시기[6]	구세계국가 와인 / 신세계국가 와인

1) 껍질을 제외하고, 포도즙으로만 양조하면 화이트와인이 되고, 껍질과 함께 양조하면 레드와인이 된다. 로제는 껍질에서 약간의 색깔만 추출한 것이다. 따라서 와인의 색깔은 양조방법에 의해 구분된다.

2) 드라이와인은 포도의 당분이 모두 알코올로 발효되어 단맛이 전혀 없는 와인이며, 스위트와인은 포도의 당분이 남아있어 단맛이 느껴지는 와인이다. 스위트와인은 재배시기 혹은 양조방법에 따라 구분되는데, 이 부분은 양조과정에서 배워보도록 하자.

3) 바디감의 차이를 이해하려면, 포도품종과 재배지역 특징을 이해하는 것이 먼저이다.

4) 식중와인은 식사의 메인요리가 무엇인지에 따라 와인의 종류가 달라질 수 있다.

5) 양조과정 중 주정을 하게 되면, 알코올도수가 높아져, 주정강화와인이 된다. 가장 유명한 주정강화와인은 포트(포르투갈), 쉐리(스페인)이다.

6) B.C. 3~4세기경부터 포도를 재배한 국가들로 대부분 유럽국가이다. 신세계 국가는 15세기 이후부터 포도를 재배하기 시작한 국가들로 아메리카대륙과 오세아니아주 등이 해당된다.

2. 와인의 역사

　와인의 시작은 인류가 탄생되기 이전부터 시작되었고, 인류문명과 함께 발전되어 왔다.

　구석기시대에 등장한 최초의 와인은 진흙 혹은 나무로 만든 항아리(암포라라고 함) 안에 야생 포도를 그대로 넣어 만들었다. 그 후, 수많은 세월이 흘러 자연효모가 자연스럽게 포도를 발효시켜 와인이 되었으나, 품질은 그다지 좋지 않았다. 이러한 현상은 B. C. 4천 년 전부터 나타났으며, 그때부터 와인은 인간에게 특별한 음료가 되었던 것이다.

　그리스·로마시대의 와인은 없어서는 안 될 매우 중요한 존재였으며, 지중해 무역의 중요한 물품으로 중세시대까지 이어졌다. 로마제국은 프랑스, 스페인, 포르투갈, 독일 등에 포도밭을 조성하여 좋은 와인을 확보하고자 열을 올렸고, 재배기술을 연구하면서 품질 좋은 와인을 생산하는 데 많은 영향을 미치게 되었다. 영원할 것 같았던 로마제국이 멸망한 후 포도원은 수 세기 동안 교회의 수도원에 의해

암포라 구석기시대 포도주를 담글 때 사용했던 항아리

전파되었는데, 당시 모든 학문의 중심지였던 수도원의 수도사들은 학문적으로 포도재배 기술을 연구하기 시작하였고, 그 이후 와인의 개량 및 발전에 크게 공헌하였다.

　이와 같은 포도재배와 양조기술은 기독교의 복음전도 방법으로도 이용되었으며, 유럽 포도원의 대부분은 교회의 소유가 되었다. 그러나 1789년 프랑스 대혁명이 일어나고, 그들을 보호하고 있던 왕권이 무너지면서 교회 소유의 포도원들은 소작농들에게 분배되었다.

　19세기 중반 프랑스의 파스퇴르(1822-1895)는 어떤 효모가 포도의 당분을 알코올로 바뀌게 하는지, 이산화탄소는 어떻게 발생되는지 등

에 대한 연구를 지속한 결과, 발효과정이 스스로 일어난 것이 아니며 어떻게 통제될 수 있는지도 증명하였다. 파스퇴르의 증명 이후 실질적인 와인양조의 시대가 열리게 되었다. 오늘날, 와인메이커들은 발효온도 조절, 스테인레스 발효방법 등 다양한 양조기술을 발전시키고 있다.

포도재배자들도 역시 포도나무 병충해 및 해충들로부터 보호하는 방법 등을 찾으며, 광대한 노력으로 품질을 향상시키고 있다. 특히, 19세기 흰곰팡이와 노균병으로 인해 유럽의 포도밭이 1차로 큰 타격을 받았고, 2차로 19세기 후반에 포도나무 뿌리에 감염되는 필록세라(Phylloxera)로 인해 유럽 대부분의 포도밭이 파괴된 이후, 병충해를 방지하기 위한 노력은 계속되고 있다.

미국은 16세기 이후부터 스페인 선교사들이 캘리포니아, 텍사스, 뉴멕시코 등에 와인양조 방법을 전파하였고, 18세기 후반까지 이어졌다. 그러나 구세계국가들로부터 미국와인은 저급하다는 평가를 계속 받아오던 시기였던 1976년에 프랑스 파리에서 프랑스와인과 미국와인의 블라인드 테이스팅 이벤트가 개최되었다. 그 결과, 당당히 미국의 레드와인과 화이트와인이 모두 프랑스와인을 꺾고 우승을 차지하면서, 신세계국가 와인도 충분히 훌륭한 와인을 만들 수 있다는 확인과 자신감을 갖게 되었다.

호주는 1780년대에 다른 나라에서 이주해온 이민자들이 포도밭을 가꾸면서 와인의 역사가 시작되었고, 1830년대 상업적인 와인양조 시설이 설립되었다.

> 날씨가 매우 뜨겁고 건조한 지역은 필록셀라의 피해를 보지 않았는데, 대표적으로 칠레, 아르헨티나 등 남미국가들이다. 병충해에 대한 설명은 II장에서 자세히 살펴보도록 하자.

1976년 테이스팅 대회에서 레드와인 1등을 차지한 스택스립 와인(STAG'S LEAP WINE CELLARS)

1976년 테이스팅 대회에서 화이트와인 1등을 차지한 샤또 몬텔레나(CHATEAU MONTELENA)

파리의 심판(Judgment of Paris)

1976년 5월 24일. 프랑스 파리에서 프랑스와인과 미국와인이 블라인드 테이스팅을 통해 어떤 와인이 최강자인지를 결정하는 이벤트가 열렸다. 심사자들은 9명의 프랑스인들로 와인 및 외식업계의 전문가들로 구성되었고, 점수로 최종 우승을 선정하는 방법이었다.

이벤트에 출품한 화이트와인은 4개의 부르고뉴, 6개의 캘리포니아 샤르도네였고, 레드와인은 4개의 보르도, 6개의 캘리포니아 까베르네 소비뇽이었다.

블라인드 테이스팅의 결과는 매우 놀라웠다. 화이트와인과 레드와인 모두 미국와인이 가장 높은 점수를 받아 1등을 차지한 것이다. 믿지 못할 결과로 프랑스와인만이 최고라는 프랑스인들의 자존심에 엄청난 상처를 입게 되었다.

1976년의 이벤트를 계기로 미국와인의 명성은 날로 높아졌고, 미국인들은 '파리의 심판(Judgment of Paris)'이라고 부르게 되었다. 2008년 파리의 심판을 소재로 한 영화 'Bottle Shock'도 개봉하였다(우리나라에서는 와인미라클이라는 이름으로 개봉됨).

	화이트와인	레드와인
1등	샤또 몬텔레나, 샤르도네, 1973 1973 Napa Valley Chardonnay from Château Montelena	스택스립 와인셀러, 까베르네 소비뇽, 1973 1973 Cabernet Sauvignon from Stag's Leap Wine Cellars
2등	도멘 훌로, 뫼르소-샤름, 1973 1973 Meusault-Charmes from Domaine Roulot	샤또 무통로췰드, 1970 1970 Château Mouton Rothschild

우리나라는 1967년 사과를 원료로 한 '파라다이스'가 등장하면서 최초의 과실주가 시판되었고, 양조와인으로는 1974년 '노블 포도주'가 생산되었다. 1977년 고급와인으로 마주앙이 생산되면서 새로운 와인의 장이 열리게 되었다. 1988년 서울올림픽을 기점으로 해외 와인시장을 개방하면서 수입와인이 확산되어 국내 와인시장이 주춤하기는 했지만, 끊임없는 노력으로 현재 국내산 와인은 경기도 안산의 대부도, 경북 영천, 충북 영동 등의 지역에서 캠벨얼리, 거봉, MBA(Muscat Bailey A), 청수 등의 품종을 활용하여 생산되고 있다. 특히, 청수로 만든 화이트와인은 국제무대에서도 인정을 받으며 생산량이 눈에 띄게 증가하고 있는 추세이다.

그랑꼬또 대부도에 위치한 와이너리. 대부도의 캠벨얼리로 생산한 레드와인은 대부분의 한식과 모두 잘 어울림.

3. 와인과 건강

프랑스에는 '좋은 와인 한잔은 의사의 수입을 줄게 한다.'라는 속담이 있다. 즉, 좋은 와인 한잔은 건강에 도움을 준다는 의미이다. 과거 특별한 치료제가 없었던 시절에는 레드와인을 설사, 두통, 우울증 치료제로 사용하였으며, 프랑스에서는 와인이 혈소판 응집을 억제하는 효과가 있어 관상동맥 질환을 예방하고, 사망률을 줄인다는 결과가 발표되었다. 특히, 1992년 미국 CBS방송에서 프렌치 패러독스(French Paradox)가 방영되면서, 와인은 단순한 음료가 아니라 치료제이면서 생활의 활력소라는 사실이 다시 한 번 더 입증되었다.

그렇다면, 와인의 어떤 성분들이 우리의 건강에 도움을 줄까?

와인의 주재료인 포도는 가지와 열매로 구분되며, 열매에는 다양한 성분을 함유하고 있다.

포도가 약알칼리성을 띠는 알코올 음료인 와인으로 탄생되면, 타닌, 안토시안, 레스베라트롤(Resveratrol), 플라보노이드(Flavonoid), 글루타치온(Glutathione) 등이 이뇨작용, 소화촉진, 항산화작용, 진정작용 등의 효과도 나타나게 된다.

타닌은 천연방부제로 와인의 산화방지에 효능이 있으며, 안토시안에는 강력한 항산화 작용을 하는 폴리페놀(Polyphenol) 성분이 다량 함유되어 있어 노화방지에 뛰어난 효과를 보이는데, 껍질과 함께 양조하는 레드와인에 주로 많이 함유되어 있다. 레스베라트롤은 폐, 기관지, 심장질환과 암 예방에 중요한 역할을 하는 성분이며 타닌, 안토시안과 함께 가장 대표적인 폴리페놀 성분들이다.

플라보노이드는 나쁜 콜레스테롤인 LDL을 감소시키고, 착한 콜레스테롤인 HDL을 증가시키면서 혈액순환을 원활하게 하고, 심장병 및 동맥경화 등 혈관 관련 질병 예방에 효과가 있다. 글루타치온은 여성들에게 좋은 미네랄과 면역력을 강화시켜주며, 주로 화이트와인에 많이 함유

프랑스인들이 버터, 치즈, 육류 등 고지방질과 높은 콜레스테롤을 섭취하는 등 고혈압의 원인이 되는 식생활에도 불구하고 심장질환으로 인한 사망률이 낮은 결과를 분석해보니, 식사 중 꼭 와인 한 잔씩을 마시는 식습관이 있는 것을 확인한 내용으로 '프랑스인의 역설'이라는 의미이다.

포도의 성분에 대한 내용은 27p. 참고

되어 있다.

그렇다면, 심장병 예방에 좋다는 레드와인을 마셔야 할까? 분자의 크기가 작아 혈액 흡수가 수월하여 폐와 관절 기능에 도움을 주는 화이트와인을 마셔야 할까? 중요한 점은 와인을 몇 번 마셨다고 해서, 혹은 많은 양의 와인을 갑자기 마신다고 해서 바로 건강해지는 것은 아니다. 또한 와인은 약이 아니기 때문에 매일 적정량(1잔=150mL를 기준으로 1~3잔)을 식사와 함께 즐겁게 마시고, 운동 및 금연 등 다른 활동 및 건강생활 수칙 등이 병행될 때 효과가 나타나는 것이다. 여기서 우리가 반드시 기억해야 할 것은, **'식사와 함께 즐겁게 마신다'**는 것이다.

따라서 하늘의 별보다 많은 와인 중에서 '식사와 함께' 어울리는 와인을 찾기 위한 와인여행을 떠나보자.

Dr. H. Thanisch 와이너리 입구
독일 모젤강 계곡의 최적지 베른카스텔 마을에 위치한 와이너리로 1360년 트리어 대주교인
배문트(Boemund) 2세가 베른카스텔을 방문했을 당시 일어난 사건을 통해 유명해진
와이너리이다. 배문트 2세가 마을을 방문하던 중 열병에 걸려 쓰러져 유명한 의사들이 모두
동원되었지만, 차도가 없었다. 그때 베른카스텔 마을의 한 농부가 자신의 포도밭에서 만든
와인을 대주교에게 선물하면서, 이 와인이 가장 좋은 약이라 소개하며 권하였다. 다음날
와인을 마시고 완쾌한 대주교는 농부에게 감사의 뜻을 전하고 자신을 낫게 한 신비로운
와인이라 하여 '독터(Doktor)'라 칭하게 되었다. 현재 독일정부가 주관하는 정상회담에
사용되는 것은 물론이고, 독일와인의 자존심을 대표하는 와인으로 인정받고 있다.

CHAPTER 2

포도재배(Viticulture)

CHAPTER 2

포도재배(Viticulture)

포도재배지역은 북위 32°~51°와 남위 28°~42° 사이에 분포하고 있으며, 남극을 제외하고는 거의 모든 지역에서 재배되고 있다. 물론 재배지역에 예외도 있고, 적도 가까운 곳에서 재배되기도 한다.

전통적인 포도재배지역은 유럽이었고, 특히 프랑스는 좋은 와인을 생산하는 지역이다. 그러나 지난 20~30년 동안 북미와 남미, 호주, 뉴질랜드, 남아공 등 새로운 생산지역이 등장하였고, 1976년 파리의 심판 이후부터 신세계국가의 와인들도 품질에서 뒤쳐지지 않는다는 평가는 물론, 가격대비 품질 좋은 와인들도 많이 생산하고 있다. 최근에는 같은 품종의 경우 고전적인 재배지역과 새로운 재배지역 간의 비교 테이스팅(예를 들면, 부르고뉴의 피노 누아와 뉴질랜드 피노 누아)을 통해 더 좋은 와인을 생산하기 위한 와인메이커의 노력들이 더해지고 있다.

전 세계적으로 대부분의 국가에서 와인을 생산하고 있으며, 수천 가지의 포도품종, 포도재배방법, 포도수확방법, 양조방법, 숙성 등에 따라 수만 가지의 와인이 매해 생산되고 있다. 또한 포도를 재배하는 지역의 기후, 위치, 토양 등 이러한 요인들이 와인의 품질에 영향을 미치게 되면서 한 병의 와인이 탄생되고 있다.

좋은 원료에서 좋은 제품을 만들 수 있듯이, 좋은 포도나무에서 좋은 와인이 만들어진다는 것은 당연한 이치이다. 좋은 포도를 수확하려면, 끊임없이 포도밭과 포도나무를 관리하는 것은 가장 기초적인 필수조건이

신세계국가라고 함.

며, 포도를 재배하는 지역의 기후, 위치, 토양을 모두 포함하는 의미인 떼루아(Terroir)에 대한 이해도 반드시 필요하다.

1. 떼루아(Terroir)의 개념

포도가 건강하게 잘 자라기 위해서는 토양, 기후, 포도원의 방향, 지형, 고도, 경사면 등의 여러 자연적인 조건이 갖춰져야 한다. 이처럼 포도가 잘 자라기 위한 모든 자연적인 조건을 통틀어 떼루아(Terroir)라고 한다. 사전적 정의로 떼루아는 "땅(Land)"이라는 의미를 가지고 있지만, 와인에 영향을 미치고 형성하는 장소의 독특한 측면이면서, 인간이 통제할 수 없는 자연적인 요소로 개념상의 정의로 이해하면 된다.

좁은 의미에서 떼루아는 기후와 지형이 같은 지역에서 토양의 차이로 오는 영향을 일컫는다. 보다 실질적으로는 포도에 영향을 미치는 포도밭의 방향, 경사, 기후, 산지자체의 미세 기후(대표적으로 부르고뉴) 등과 같은 요소들의 통합적인 영향을 뜻한다. 이처럼 많은 의미를 포함하고 있는 떼루아는 불어이지만, 다른 대체할 수 있는 개념적 단어가 존재하지 않아서 영어, 이탈리아어, 스페인어 모두 Terroir로 사용하고 있다.

기후와 토양의 차이에 따라 포도에 미치는 영향이 다르기 때문에 양조된 와인의 스타일도 다르게 나타나게 된다.

1) 기후의 차이에 따른 와인 스타일

- **서늘한 기후** : 포도가 천천히 익기 때문에 포도열매가 나무에 매달려 있는 시간이 평균보다 길다. 즉, 수확을 천천히 한다는 의미이기도 하다. 이런 경우 향이 풍부해지고, 섬세하며 복합적인 맛이 나타나고, 과즙의 산도가 높다. 또한 레드와인의 경우 열매가 충분히 익기 위해 껍질이 얇으므로 색소가 적어 와인의 색깔이 매우 연하다.

독일 모젤 지역 독일은 날씨가 추워 일조량을 최대한 확보하기 위해 경사도가 매우 가파른 곳에 포도밭이 있다. 떼루아를 적용하고 극복하기 위한 방법이 아닐까?

샤또 디껨(Château d'Yquem)의 포도밭
완벽한 떼루아가 무엇인지 보여주는 샤또 디껨

- **온난한 기후** : 날씨가 무더우면, 열매가 빨리 익을 수 있기 때문에 껍질이 두껍다. 또한 당도의 상승이 빠르기 때문에 알코올 도수는 높으며, 산도는 낮고, 과실의 풍미가 두드러지는 특징이 나타난다. 껍질이 두껍기 때문에 레드와인의 경우 타닌이 풍부하고, 색깔이 짙은 와인이 된다.

2) 토양의 종류

포도는 토양의 영양분이 줄기를 통해 열매에 맺히게 되므로, 토양의 종류에 따라 포도에 미치는 영향이 다르다고 할 수 있다. 토양은 물을 빨아들이고 배수하며, 열을 보유하는 등 포도나무에 물리적인 영향을 주기도 하며, 토양의 영양분과 미네랄 등의 성분을 통해 화학적인 영향을 주기도 한다.

따라서 토양의 특징을 알고 있는 것은 와인의 맛과 향에 어떤 영향을 미치는지 예상할 수 있으며, 음식과 어울리는 와인을 찾는데도 도움이 된다. 지역마다 토양의 구성이 더 복잡하지만, 대표적인 토양의 종류와 특징 및 지역은 다음의 〈표 2-1〉을 참고하라.

스페인지역의 토양사진 사진에서 보이는 것처럼 밭마다 떼루아가 조금씩 다르다.

떼루아 사진 – 스페인 와인박물관에 전시된 포도나무 모형 포도나무 뿌리는 생각보다 땅속 깊이 내려가 영양분을 흡수한다.

표 2-1 · 대표적인 토양의 종류 및 특징

토양의 종류	토양의 특징	대표지역
자갈질 (Gravels)	배수가 좋고 열의 복사력이 매우 큼.	프랑스 메독, 그라브
점토질 (Clay)	토양의 입자가 작고 부드러움	프랑스 쌩떼밀리옹
석회암질 (Limestone)	칼슘, 마그네슘, 탄소가 풍부하게 함유되어 있음. 토양의 산도가 매우 높음. 우수한 품질의 포도가 생산되는 토양(다른 작물은 재배가 잘 안됨)	프랑스 부르고뉴
백악질 (Chalky)	석회암 지질 중 하나로 지질이 부드러운 알칼리성 토양이라, 상대적으로 포도의 신도를 높여주는 토양	프랑스 샹파뉴
화강암 (Granitic)	단단하고 미네랄이 풍부한 바위지질로 열의 복사력이 매우 빠르고, 오래 지속됨.	프랑스 론, 남아공
점판암 (Slate)	이판암과 점토에서 나오는 딱딱한 형태의 토양으로 열을 유지하고, 미네랄이 매우 풍부함.	독일 모젤

① 독일 모젤 지역의 토양 – 점판암

② 프랑스 그라브의 샤또 스미스 오 라피트(Château Smith Haut Lafitte) 와이너리의 토양 – 자갈

③ 남아공 어니엘스(Ernie Els) 와이너리의 토양 – 화강암

④ 프랑스 뽀므롤의 샤또 페트뤼스(Château Pétrus) 와이너리의 토양 – 진흙질

2. 포도의 이해

1) 포도란?

　포도는 암펠리과(Amoelidaceae)에 속하는 넝쿨식물의 열매이다. 포도는 꽃 속에 있는 생식 기관으로 번식되며, 바람이나 동물에 의해 암술과 수술의 수정이 이루어지는 식물이다.

　와인양조 사용되는 종은 비티스속(Vitis genus)이며, 이는 다시 유럽종 포도인 비티스 비니페라(Vitis vinifera)와 미국종 포도인 비티스 라부르스카(Vitis labrusca), 접목을 통한 교배종인 비티스 리파리아(Vitis riparia), 비티스 벨란디에리(Vitis berlandieri), 비티스 루페스트리스(Vitis rupestris) 등으로 구분된다.

　특히 비티스 비니페라(Vitis vinifera, 유럽종 포도)는 향이 섬세하고 양질의 와인을 만드는 가장 훌륭한 포도종으로 각광

페로몬 캡슐 간혹 포도밭에 페로몬 캡슐이 걸려있는 모습을 볼 수 있는데, 이는 페로몬향을 분비하여 동물들이 활발히 활동하도록 촉진제 역할을 해준다.

과 찬사를 받고 있으며, 일반적 와인의 90% 이상이 비티스 비니페라 종의 포도로 만들어진다. 까베르네 소비뇽(Cabernet Sauvignon), 피노 누아(Pinot Noir), 메를로(Merlot), 샤르도네(Chardonnay) 등과 같이 대부분의 포도품종들이 비티스 비니페라에 속한다.

음식을 만들 때 식재료가 신선해야 맛있고 건강한 음식을 만들 수 있듯이, 비티스 비니페라종이라 하더라도 수확된 포도가 건강해야 훌륭한 와인을 만들 수 있다. 예를 들어 새가 쪼았거나, 우박에 껍질이 상했거나, 수확하는 과정에서 포도가 상한다면 품질 좋은 와인으로 탄생되기 어렵다.

포도는 약간의 스트레스가 필요한 과일이다. 식물에게 스트레스가 필요하다는 말은 즉, 수분이 부족해야 잘 자란다는 의미로 해석할 수 있다. 이처럼 포도는 약간 건조한 날씨와 배수가 잘되는 토양에서 잘 자라게 된다.

포도열매가 익는 시기(7~9월)에는 최소 약 1,500시간의 일조량과 연평균 약 500~900mm 이하의 강우량이 필요하다. 비가 적게 오는 경우보다 많이 오는 경우가 문제되는데, 비가 많이 오면 과즙이 묽어져 와인의 농도가 흐려지고, 토양에 따라 배수가 잘 안 되면 포도나무의 뿌리가 썩는 경우가 발생될 수 있기 때문이다. 반대로, 강우량이 너무 적은 경우는 관개를 실시한다. 관개는 포도밭에 물을 주는 방법으로 떼루아를 중심으로 와인을 생산하는 구세계국가 중에서는 스페인 일부지역을 제외하고는 허용하지 않고 있다. 와인양조의 후발주자인 신세계국가들은 포도재배환경의 단점을 기술력으로 극복하고자 관개시설을 적극적으로 활용하고 있다.

2) 포도의 구조

와인의 주재료인 포도는 가지와 열매로 구분되며, 열매는 껍질, 과육, 씨로 구성되어 있다.

가지에는 타닌성분이 많이 함유되어 있어 가지를 넣고 양조하면, 와인의 구조와 뼈대를 형성하는 역할을 할 뿐만 아니라, 타닌감이 풍부한 스타일의 와인으로 만들어진다.

포도의 껍질에는 타닌, 색소, 향미, 과육에는 수분, 당분, 유기산, 미네랄 등이 함유되어 있다. 특히 포도껍질에 포함되어 있는 색소는 적포도 품종에는 안토시안(Anthocyan)이라는 붉은 색소를, 청포도 품종에는 플라본(Flavone)이라는 옅은 노란색 색소를 포함하고 있다.

포도의 과육은 물이 70~80%를 차지하고 있으며, 그 외에 당분, 유기산, 무기산염, 비타민 B, C, 미네랄 등의 성분이 함유되어 있다.

포도의 씨에는 타닌과 기름성분이 포함되어 있는데, 씨에는 매우 강한 쓴맛이 있으므로 양조할 때에는 제외하거나 씨가 으깨지지 않도록 주의하고 있다.

폴리페놀 성분 중 하나인 안토시안은 가장 강력한 항산화물질 중 하나로 노화방지에 효과적임.

3. 포도밭(Vineyard)의 이해

1) 포도나무의 관리

포도나무는 몇 년 정도 살까? 포도나무의 수명은 평균 80년 정도이나 100년 이상 된 포도나무이더라도 관리만 잘 되었다면, 포도가 열리고 수확되기도 한다.

포도나무를 새로 심으면 약 3년 정도 후부터 열매가 열리기 시작하지만, 약 6년 이후부터 수확한 포도로 와인을 만들기 시작한다. 이는 포도나무가 땅의 영양분을 충분히 흡수할 때까지 기다려 포도열매에 모든 성분들이 농축되기를 기다리는 시간이라고 생각하면 된다. 6년 이전까지의 포도들은 그냥 폐기되는 것이 아니라, 실험으로 와인을 양조하면서 포도의 상태를 체크하는 용도로 사용된다.

포도나무는 15년부터 25년까지 가장 왕성하게 열매를 맺게 된다. 25년이 넘으면 조금씩 수확량이 떨어지기 때문에 이 시기부터 포도나무에 대한 세심한 관리가 들어가게 된다. 또한 수확량이 현저히 떨어진 포도나

상업적인 포도원에서는 포도나무가 20년쯤 되면, 차츰 생산량이 줄며 50년이 되면 대부분 뽑아내고 다시 심는다.

Vieilles Vignes(뷔에 빈)

포도나무 수령이 규정된 것은 아니지만, 일반적으로 35년 이상 된 포도나무에 표기하고 있음.

무들은 뽑아버린다. 따라서 프랑스의 경우 약 35년 이상 된 포도나무에서 수확한 포도로 양조한 와인에는 "Vieilles Vignes(뷔에 빈, 영어:Old vine, 오래된 포도나무라는 의미)"라고 표기하고 있다. 즉, Vieilles Vignes라고 표기하면서 포도나무의 수령을 간접적으로 나타내는 것인데, 포도나무가 35년 이상이라는 의미는 그만큼 관리가 잘 되었다는 의미로 해석할 수 있고, 와인도 수령이 어린 포도나무 열매보다는 부드러움을 느낄 수 있기 때문에 와인의 품질과 맛을 예상할 수 있다.

2) 포도밭의 재배 사이클

포도밭을 재정비하는 것은 포도수확이 끝나면 곧바로 시작하게 된다. 보통 8월부터 수확을 시작해서 프랑스 북부지방의 알자스는 11월 무렵까지 수확을 한다. 남반구 국가들은 2~3월쯤에 수확을 실시하는데, 수확 시기는 날씨에 따라 조절한다.

포도나무를 관리하는데 많은 부분을 차지하고 있는 가지치기는 겨울철과 여름철에 실시하게 되는데, 계절에 따라 어떻게 가지를 자르고(Pruning), 어떤 모양으로 가지를 정리하는지(Training)에 따라 포도나무의 형태가 달라지며, 수확량에도 영향을 미치게 된다. 적절한 시기에 잘 관리된 포도나무에서 훌륭한 포도가 수확되는 것은 당연한 결과이며, 명품와인이 만들어지는 가장 최고의 방법이다.

① 트레이닝(Training)

겨울철 가지치기를 본격적으로 실시하기에 앞서, 가지를 제어하고 트레이닝(Training, 교정)을 실시하게 되는데, 트레이닝의 목적은 효과적으로 포도를 재배하기 위함이다.

② 가지치기(Pruning)

– **겨울철** : 다음해 포도수확을 위해 포도밭을 정비하는 과정이다. 가지치기를 함으로써 새롭게 자라게 될 새싹(Shoots)을 선택하는 것이

며, 선택된 새싹에서 포도열매가 자라게 된다.

- **여름철** : 포도나무가 지니고 있는 모든 에너지가 열매를 맺는데 집
중될 수 있도록 포도잎의 생장활동을 제한하기 위해 가지치기를 실
시한다. 또한 포도잎으로 태양의 방향에 따라 생기는 차양을 조절
하고, 열매를 햇빛 및 통풍에 적절히 노출시켜 곰팡이 등의 피해로
부터 보호하기 위한 방법으로 실시를 하는데, 이를 캐노피 시스템
(Canopy System)이라고 한다. 캐노피 시스템은 포도잎을 적절히 관
리하고, 배치하여 포도송이의 열매가 골고루 익을 수 있도록 도와
주는 시스템이다.

중국 연태 와이너리
3월 가지치기를 마무리한 포도밭

가지치기한 부분에 움트기 직전. 가지치기한 곳에
이슬이 맺히면, 새싹이 돋아나기 시작한다.

포도나무 꽃 포도나무에 꽃이 피고 난 후 열매가 맺기
시작한다.

프랑스 소떼른의 샤또 뤼이섹(Ch. Rieussec)
포도밭 뤼이섹의 와인메이커는 매일 아침 포도잎을
잘라주고, 덮어주면서 포도가 골고루 익을 수 있도록
캐노피 시스템을 활용하고 있다고 설명했다.

표 2-2 · 포도밭의 재배 사이클

시기(남반구)	Vineyard(포도밭)의 업무
10월(4월)	– 포도수확 완료 – 더 이상 수확이 없는 포도나무는 뽑아냄. – 새로운 묘목을 심기 위해 포도밭을 정비
11월(5월)	– 잘라낸 가지를 정리 – 겨울철 서리를 예방하기 위해 흙으로 나무 밑동 돋워줌.
12월(6월)	– 가지치기 준비 – 포도나무는 휴면상태 – 영하 20℃ 이하로 떨어지지 않는 한 포도나무는 겨울 추위를 견딜 수 있음.
1월(7월)	– 겨울철 가지치기 시작(새싹을 늦추고, 서리 피해의 위험을 최소화하기 위해) – 가지를 정리하고 교정
2월(8월)	– 1월에 이어 가지치기 진행
3월(9월)	– 가지치기 마무리 – 포도나무 생장에 필요한 영양분 공급 – 접목 실시
4월(10월)	– 밑동을 덮고 있던 흙을 걷어줌(11월의 작업과 반대로 실시). – 잡초를 제거하고, 묘목 옮겨심기
5월(11월)	– 병충해 방제작업 – 새순 제거 – 제멋대로 뻗은 줄기와 늘어난 어린 가지를 와이어에 묶음.
6월(12월)	– 가지 올리기 – 굵어진 가지를 수평 와이어에 묶음. – 포도나무에 꽃이 피고, 열매 맺기 시작
7월(1월)	– 여름철 가지치기 시작 – 좋지 않은 포도송이 솎아내기
8월(2월)	– 모든 영양분이 열매에 집중되도록 불필요한 포도잎을 제거함. – 포도송이가 골고루 익을 수 있도록 포도잎을 관리하는 캐노피 시스템을 실시
9월(3월)	– 포도의 당도검사 – 포도 수확

3) 포도밭의 병충해

포도밭에서 일어나는 가장 힘든 문제는 아마도 병충해와 해충 및 동물의 피해를 받는 것이다. 와인의 역사에서도 19세기 유럽은 흰곰팡이, 노균병, 필록세라의 피해로 포도밭과 와인산업은 큰 타격을 입었었다.

병충해 중에서도 가장 강력한 병충해인 필록셀라는 유럽종 포도인 비티스 비니페라에 잘 나타나는 병충해로, 필록세라의 피해는 가히 상상 이상이었다. 19세기 유럽 전체가 필록세라로 인해 황폐화되었을 뿐만 아니라, 대표적 와인산지 프랑스의 보르도에서는 1869년부터 1895년까지 약 30년간 필록세라로 몸살을 앓으면서 유럽의 와인산업은 필록셀라 감염 이후 엄청난 불황을 겪게 되었다. 일자리를 잃은 보르도 와인메이커들이 신세계국가로 이주하면서 양조기술을 전파하면서 와인의 흐름을 바꿔놓는 계기가 되었던 것이다.

그러나 미국종 포도인 비티스 라부르스카의 뿌리가 필록셀라에 면역력을 갖고 있다는 사실을 발견하면서 뿌리는 비티스 라부르스카, 줄기는 비티스 비니페라를 접목시킴으로써 유럽 포도밭의 몸살을 앓게 했던 필록셀라 감염은 멈추게 되었다.

지금까지 방문했던 전 세계 포도밭의 1열에는 항상 장미나무가 심어져 있었다. 미관상의 이유로 장미나무를 심은 것이 아니라, 장미나무가 병충해에 매우 약하기 때문이다. 장미나무가 감염되는 것을 미리 확인하면, 포도나무에 감염되지 않도록 예방 및 처방이 가능하기 때문이다.

그러나 이로운 병충해도 있다. 바로 보트리티스 시네리아(Botrytis cinerea)라고 불리는 곰팡이균에 감염되는 곰팡이성 질병이다. 포도나무에 열려있는 포도송이가 보트리티스에 감염되면, 보트리티스가 포도의 수분을 빨아먹고, 포도의 당분만 남겨 건포도 상태로 만든다. 건포도 상태로 된 포도열매에는 독특한 향미는 물론 매우 달콤하면서도 훌륭한 스위트와인이 탄생된다. 따라서 보트리티스에 감염된 현상을 매우 고귀한 현상 혹은 고귀한 부패라고 부르며, 귀부병 혹은 귀부현상(Noble rot)이라

> 필록세라에 감염된 포도나무는 뿌리째 뽑고, 다시 심어야 한다.

프랑스 소떼른 샤또 뤼이섹 (Ch. Rieussec) 포도밭
대부분 포도밭에는 장미가 심어져 있다. 미관상의 이유도 있겠지만, 장미가 병충해에 매우 취약한 식물이라 장미를 심음으로써 병충해를 예방하는 목적이 있다.

고 한다. 보트리티스는 습한 아침과 건조한 오후라는 환경과 주로 적포도 품종에서 잘 일어나며, 청포도 품종 중에는 세미용(Sémillon)에 매우 잘 일어난다.

귀부병에 걸린 포도로 생산된 귀부와인 중 프랑스 보르도의 소떼른(Sauternes), 독일의 트로켄베렌아우스레제(Trockenbeerenauslese; TBA), 헝가리의 토카이(Tokaji)가 세계 3대 스위트와인(디저트 와인)으로 꼽히고 있다. 특히, 소떼른에서 생산되는 샤또 디켐(Château D'yquem)은 명품와인으로 전 세계적으로 인정받는 와인이다.

소떼른과 토카이는 지역의 이름이고, 트로켄베렌아우스레제는 등급의 이름이다.

수확하기 전 나무에 달려있는 귀부병에 걸린 포도

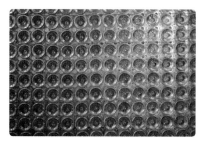

프랑스 소떼른의 귀부포도로 생산된 와인은 모두 황금색이다.

샤또 꾸떼(Château Coutet)
소떼른 지역의 프리미에 크뤼

귀부병이 걸려 수확된 포도

프랑스 소떼른의 끌로 오 페라게(Clos Haut Peyraguey) 와인메이커

헤졸로 토카이 아쑤 (HÉTSZÖLÖ Tokaji Aszú)
헝가리의 대표적인 귀부와인 토카이.
푸토뇨스(Puttonyos)의 숫자로 당도를 표시하는데,
푸토뇨스 5는 리터당 잔당이 150~200mg 정도 된다.

CHAPTER 3

포도품종의 종류

CHAPTER 3

포도품종의 종류

포도품종이 무엇인지에 따라 포도의 재배는 물론 와인 양조, 와인숙성 등 훌륭한 와인을 만들기 위한 조건들이 달라진다. 청포도 품종으로 화이트와인, 적포도 품종으로 레드와인을 양조하는 것이 기본이지만, 스파클링 와인의 경우 적포도 품종으로 화이트와인도 양조가 가능하다. 적포도 품종에서 포도즙만 얻어 스파클링 와인을 양조하는 방법인데, 이런 경우 와인 레이블에 블랑드 누아(Blanc de Noir)라고 표기하며, 청포도 품종으로만 스파클링 와인을 양조하는 경우는 블랑드 블랑(Blanc de Blanc)이라고 표기한다.

Blanc은 불어로 흰색이라는 뜻이며, Noir는 검은색이라는 뜻이다.
153p. 사진 참고

포도품종의 특징에 대해 익히는 것이 소믈리에가 되는 첫걸음이며, 음식과 어울리는 와인을 선택할 때 기준이 될 수 있다. 따라서 3장에서는 대표적인 청포도 품종과 적포도 품종의 특징에 대해 알아보고, 품종별로 어울리는 음식에 대해 설명하고자 한다.

샤또 파프 클리망(Château Pape-Clément) 포도나무

샤또 페트뤼스 포도나무

1. 청포도 품종

수많은 청포도 품종 중에서 가장 대표적인 품종은 샤르도네, 소비뇽 블랑, 리슬링이다. 이 세 가지 품종이 가장 보편적이며, 어디에서나 쉽게 볼 수 있는 품종이다. 그러나 소비자의 욕구와 조리법, 식재료 등이 다양해지면서 청포도 품종에 대한 다양성도 관심도 증가하고 있다. 따라서 본 교재에서는 전 세계적인 품종인 샤르도네, 소비뇽 블랑, 리슬링을 비롯하여, 주요 청포도 품종에 관해 설명하고자 한다.

1) 샤르도네(Chardonnay)

간혹, 샤도네이라고 발음하는 경우가 있는데, 샤르도네는 불어식 발음, 샤도네이는 영어식 발음이다.

샤르도네는 뛰어난 적응력으로 전 세계에서 재배되는 화이트와인을 대표하는 고급품종이며, 화이트와인 중에서도 장기 보관할 수 있는 품종 중 하나이다.

샤르도네는 감귤류, 사과, 배, 레몬, 파인애플, 버터, 견과류, 바닐라 등의 복합적인 아로마를 지니게 되는데, 이는 재배지역과 양조방법에 따라 가벼운 스타일부터 바디감이 풍부한 스타일까지 매우 다양한 모습을 나타낸다. 샤르도네와 음식을 매치할 때에는 기후의 차이와 와인 스타일을 파악하는 것이 우선이다.

① 기후의 차이

- 서늘한 지역(예: 상파뉴, 샤블리)에서 재배되는 샤르도네는 산도는 높지만, 풍미가 매우 풍부하며, 섬세하고 기품 있는 와인이 생산된다. 또한 연한 레몬색을 띠며, 풋사과나 초록색 자두의 풍미를 나타낸다.
- 따뜻한 지역에서는 진한 감귤향과 복숭아, 망고, 파인애플 등과 같이 화사한 열대 과일향이 풍부한 와인으로 만들어 준다.
- 뜨거운 태양 아래에서 익은 샤르도네(예: 칠레 혹은 아르헨티나)는 산도는 낮지만, 높은 알코올 도수와 풀바디한 와인이 생산된다.

② 와인 스타일의 차이

- **가벼운 스타일** : 신선하고 산도가 있으며, 레몬, 청사과의 아로마를 느낄 수 있다. 오크통보다는 스테인리스 탱크에서 발효 및 숙성하며 가볍게 즐길 수 있는 와인으로 양조되며, 특히 서늘한 지역에서 생산된 가벼운 스타일에서는 산미를 더 많이 느껴질 수 있다.

- **묵직한 스타일** : 농익은 샤르도네를 수확하기 때문에 황금색을 띤다. 파인애플, 망고 등의 아로마와 묵직한 스타일의 샤르도네는 오크통 숙성을 하는 경우가 많기 때문에 바닐라, 토스트의 부케를 풍부하게 느낄 수 있다. 또한 화이트와인에서는 잘 하지 않는 젖산발효(MLF)를 실시함으로 인해 더 부드럽고, 밀키(Milky)하며, 풍부한 버터향(Buttery)을 느낄 수 있다.

마치 스카치캔디를 입안에 넣고 있는 듯한 느낌이 난다.

③ 주요 재배지역

샤르도네의 특징에서도 살펴보았지만, 샤르도네는 따뜻한 곳이나 서늘한 곳, 세계 어느 지역에서나 잘 자란다. 그러나 그 중에서도 부르고뉴는 샤르도네 재배의 가장 대표적인 지역이다. 따라서 샤블리, 꼬뜨 도르, 마콩 등 부르고뉴의 샤르도네를 먼저 이해한 후, 다른 지역의 샤르도네를 공부하는 것을 추천한다.

- **프랑스 부르고뉴** : 부르고뉴의 모든 화이트와인은 샤르도네 단일 품종으로 생산된다. 따라서 부르고뉴 화이트와인의 레이블에는 품종 표기를 따로 하지 않는 대신, 생산지역을 표기하고 있다. 예를 들어, 부르고뉴 화이트에 Montrachet(몽라쉐), Meursault(뫼르소)라고 표기되어 있으며, 부르고뉴의 지역(마을) 명칭이다. 부르고뉴에서 생산되는 와인은 떼루아의 차이를 극단적으로 느낄 수 있는데, 같은 생산자가 만들었더라도 포도밭이 다르면, 전혀 다른 스타일의 와인으로 만들어진다. 다채로운 부르고뉴의 토양은 샤르도네의 아로마를 더 풍부하게 만들어준다.

- **프랑스 샤블리** : 샤블리는 부르고뉴 중에서도 가장 북쪽에 위치하고

있어, 서늘한 기후이다. 또한 부르고뉴는 과거에 바다였던 지역이었으나 해저융기로 인해 육지가 되었다. 따라서 토양에 석회질 성분이 매우 풍부하다. 이러한 떼루아의 특징으로 산도와 미네랄이 매우 풍부한 샤르도네가 생산된다.

– **프랑스 마코네** : 마코네는 부르고뉴 가장 남쪽에 위치한 지역으로 균형감 좋은 화이트와인을 맛볼 수 있다. 또한 가격도 비교적 저렴하여, 값비싼 뫼르소를 마실 수 없다면, 마코네를 선택하는 것이 현명하다.

– **미국 나파밸리** : 1990년대 캘리포니아주에서 샤르도네 인기와 명성은 하늘을 찌를 만큼 높았다. 그러나 샤르도네에 싫증을 느낀 미국인들은 "Anything But Chardonnay"라 하여 ABC클럽을 결성하기까지 이른다. 그러나 나파밸리의 따뜻한 햇볕에 잘 익은 샤르도네는 풍부한 과일향이 매력적이다. 특히, 와인역사에서 등장한 '파리의 심판'에서 프랑스와인을 이기고 화이트와인에서 1등을 차지한 샤또 몬텔레나의 품종도 샤르도네였다.

– **미국 소노마** : 나파밸리보다 훨씬 태평양과 가까운 소노마는 여름 내내 시원한 바닷바람이 불어와 풍부하고 우아한 산미를 느낄 수 있는 샤르도네가 재배되고 있다.

올리비에 르플레이브 프레르 샤블리(Olivier Leflaive Frèrest CHABLIS)

도멘 파케 마콩 퓌세(Domaine PAQUET MACON-FUISSÉ)

쉐이퍼 나파밸리 샤도네이(Shafer Napa Valley Chardonnay)

- **그 외 지역** : 남미(칠레, 아르헨티나), 호주, 뉴질랜드, 이탈리아에
  서도 재배되고 있다.

④ 샤르도네와 어울리는 음식

샤르도네와 음식의 매치에서는 떼루아의 특성을 고려해야 한다.

서늘한 지역에서 재배된 샤르도네는 가벼운 스타일의 산미가 도드라지는 특징이 있다. 특히, 샤블리의 경우 떼루아의 특징으로 석화굴과는 환상의 궁합이다. 생선요리와 매치하는 경우 생선회(참치와 연어는 제외)나 조개찜 혹은 조개탕, 랍스터, 꽃게찜 등과 잘 어울린다.

따뜻한 지역에서 재배된 샤르도네는 풀바디하고, 오크 숙성과 젖산발효를 하는 경우가 많기 때문에 바닐라, 토스트, 스파이스, 버터, 파인애플과 같은 향미가 도드라진다. 따라서 해산물 요리 중에서도 가리비구이, 전복구이, 크림소스와 함께 요리된 홍합 등과 잘 어울린다. 또한 샤르도네는 와인의 색깔만 화이트이지, 화이트와인을 가장한 레드와인이라고 할 만큼 육류와 잘 어울린다. 그 중에서도 화이트 육류, 즉 닭고기와 돼지고기와도 잘 어울리는데, 닭고기는 삼계탕 혹은 닭 한 마리 요리처럼 맑은 국물이 있는 닭고기 요리, 돼지고기는 목살 스테이크, 수육과 잘 어울린다.

> 스파이스(Spice, Spicy)는 향신료향을 뜻하는 통칭이다.

2) 소비뇽 블랑(Sauvignon blanc)

프랑스 루아르 밸리(Loire Valley)가 원산지인 소비뇽 블랑은 신세계국가, 그 중에서도 특히 뉴질랜드에 전파되면서 세계적인 품종으로 인기를 끌게 되었다. 루아르 밸리는 루아르강을 끼고 있는데, 이 강의 길이가 무려 약 960km에 달한다. 포도재배지역에 강이 있으면, 좋은 수분이 충분히 공급되며, 미네랄향을 풍부하게 느낄 수 있는 장점이 있다.

소비뇽 블랑은 굉장히 상큼하고 풋풋함이 풍부하여, 테이스팅 후 입안이 바삭바삭하다는 표현으로 크리스피(Crispy)란 단어를 가장 많이 사용하게 된다. 그 중에서도 가장 큰 특징은 푸릇푸릇한 들판에서 잔디를 갓

> 샤르도네를 노란색으로 표현한다면, 소비뇽 블랑은 연두색이다. 색상에서 레몬과 라임의 차이라고 생각하면 된다.

벤 듯한 풀향기의 아로마이며, 대부분 과일향보다는 풀이나 야채향을 많이 느낄 수 있다.

소비뇽 블랑의 인기가 높아지면서 전 세계 많은 곳에서 소비뇽 블랑의 재배를 시작하였지만, 어디서나 잘 적응하는 샤르도네와는 달리 소비뇽 블랑은 시원한 곳에서만 잘 자라는 특징을 나타내고 있다.

소비뇽 블랑에서는 '미네랄'이 가장 큰 관심사이다. 미네랄에 대한 비교는 지역비교를 통해 설명할 수 있다.

① 주요 재배지역

- **루아르의 푸이(Pouilly)지역**의 소비뇽은 약간 연기에 그을린 듯한 부싯돌 냄새가 나는 특징으로 푸이-퓌메(Pouilly-Fumé)라고 부른다. 또한 미네랄이 강하기 때문에 쌉쌀한 맛이 나고, 가끔 금속맛이 나는 것처럼 느껴질 수도 있다. 이는 와인의 차갑고 단단한 특징이 금속맛으로 표현되는 것으로 이해할 수 있다.

- **루아르의 상세르(Sancerre)지역**은 칼슘 함량이 많아 과일향보다 미네랄향을 훨씬 더 많이 느낄 수 있다.

- **뉴질랜드**의 소비뇽 블랑은 소비뇽 블랑의 교과서라고 얘기할 수 있을 만큼 정석이다. 또한 뉴질랜드의 와인산업이 성장한지는 50년이 채 되지 않았으나, 소비뇽 블랑으로 인해 전 세계 와인을 즐기는 소비자들에게 소비뇽 블랑은 곧 뉴질랜드라는 공식을 만들어주었다. 뉴질랜드 소비뇽 블랑의 가장 큰 특징은 새콤한 키위, 비오는 날 잔디 깎을 때 나는 풀향기, 고양이 오줌냄새이다. 또한 라임주스처럼 순수하고 직관적으로 와인의 맛과 스타일을 잘 표현하고 있다. 뉴질랜드 소비뇽 블랑은 대부분 스크류 캡(Screw cap)을 사용하는데, 코르크보다 소비뇽 블랑의 신선한 맛을 잘 유지한다는 긍정적인 평가를 많이 받고 있다.

- **프랑스 보르도** : 보르도는 블렌딩으로 와인을 양조하는 특징으로 대개 세미용 품종과 블렌딩하여 레몬과 자몽향이 풍부하며, 매우 깔끔

연기를 불어로 fumée라고 함.

한 맛이 돋보인다.

- **미국 캘리포니아주** : 캘리포니아주의 소비뇽 블랑은 루아르와 뉴질랜드의 중간 정도이다. ABC 클럽을 만들만큼 샤르도네에 질린 캘리포니아주에서 톡톡 튀고 생기발랄한 소비뇽 블랑은 매력적으로 다가왔다. 1960년대에 로버트 몬다비(Robert Mondavi)가 소비뇽 블랑을 오크통에 숙성하여 루아르 지역의 푸이 퓌메 느낌처럼 생산하면서 소비뇽 블랑은 더 많은 인기를 얻게 되었고, 오크 숙성한 소비뇽 블랑은 퓌메 블랑(Fumé-Blanc)으로 불려지고 있다.

킴 크로포드 말보로 소비뇽 블랑(KIM CRAWFORD Marlborough Sauvignon Blanc)

그르기치 힐스 퓌메 블랑(GRGICH HIILS FUMÉ BLANC)

② 소비뇽 블랑과 어울리는 음식

소비뇽 블랑은 풀향기, 톡톡 튀는 산미(crispy), 구즈베리와 같은 과일향이 가장 큰 특징이다. 무엇보다도 소비뇽 블랑의 아로마와 부케는 '신선함'이 가장 먼저 떠오른다.

따라서 소비뇽 블랑과 어울리는 음식은 첫 번째, 흰살 생선회이다. 화이트와인에는 식중독을 일으키는 살모넬라균에 대한 항균작용도 있는 것으로 알려져 있는데, 소비뇽 블랑과 생선회는 맛과 기능 면에서 완벽한 조화라고 할 수 있다.

두 번째로 어울리는 음식의 종류는 튀김류이다. 특히, 오징어 튀김과 매우 잘 어울리며, 가라아게 혹은 고구마나 야채 튀김류와도 좋다.

세 번째로 어울리는 음식의 종류는 파스타인데, 조개가 들어간 봉골레 혹은 알리오 올리오와 잘 어울린다.

소비뇽 블랑과 생선회의 페어링

3) 리슬링(Riesling)

리슬링은 18세기 초반 이후부터 독일 와인 산업에서 가장 중요한 품종으로 독일 와인의 품질과 스타일을 대표하고 있다. 리슬링의 특징은 미네랄이 강하고, 오렌지, 라임, 살구, 복숭아와 같은 과일향의 아로마를 풍부하게 지니고 있으며, 산도가 매우 높은 품종이다. 무엇보다도 리슬링의 가장 큰 특징은 페트롤(Petrol), 즉 석유향이 나는 것이다. 또한 장기 숙성된 리슬링은 꿀과 견과류의 아로마도 더해지며, 점점 황금색으로 색깔이 짙어진다.

리슬링에서는 특히 미네랄이 많이 느껴진다. 만약 미네랄이 무엇인지 확실하게 느끼고 싶다면, 에비앙을 마셔보자. 묵직하면서도 입안이 둥글거린다(rounded라고 표현함)는 느낌을 받을 것이다.

리슬링의 강한 산도는 화이트와인에서 매우 중요한 특징으로 와인에 단단한 골격을 형성하는 데 도움을 주고, 장기 숙성 및 보관이 가능하도록 도와준다. 강한 산도는 바로 기후 때문인데, 소비뇽 블랑은 서늘한 기후이면 재배가 잘 되었지만, 리슬링은 추운 곳이 아니면 안 된다.

따뜻하거나 서늘한 곳에서는 리슬링의 뼈대인 산도가 없어지고, 마치 레몬맛 사탕과 같은 풍미가 형성되기 때문이다. 독일과 같이 추운지역에서는 포도가 천천히 익기 때문에 산도와 당도가 함께 유지될 수 있다.

① 와인 스타일의 차이

- **드라이한 스타일** : 리슬링은 산도가 매우 높기 때문에 약간의 당분을 남겨 균형을 맞춘다.

72p. 참고

효모가 포도의 당분을 먹고 알코올 발효시킬 때 당분을 모두 소모하지 못하고 남기는 당분을 말한다.

트로켄(Troken)은 두 가지의 뜻을 포함하고 있는데, 드라이(Dry, 단맛이 없다)하다로 맛에 대한 표현과 열매의 수분이 날아가 건조되었다는 의미의 드라이가 있다.

포도를 수확할 때 당도는 매우 중요하며, 당도를 높이기 위해 발효 때 설탕으로 보충을 하는 경우도 있다. 알코올 발효 시 잔당으로 인해 리슬링은 드라이한 스타일로 와인을 양조하여도 달콤함을 느낄 수 있어, 와인을 처음 접하는 초보자에게 매우 환영받는 품종 중 하나이다. 따라서 독일 와인 레이블에는 당도를 나타내는 표기가 있다. 바로 '카비넷(Kabinett)'이라고 표기된 것이 드라이하다는 뜻이며, 드라이하긴 하지만 약간의 단맛도 느낄 수 있다. 만약 확실히 드라이한 독일 리슬링을 원한다면, '트로켄(Troken)'이라고 표기된 와인을 선택하면 된다.

– 스위트한 스타일 : 추운 기후에서 리슬링이 잘 자라는 이유는, 추위에 잘 견디는 품종이기 때문이다. 즉, 포도가 완숙될 때까지 시간이 걸리기 때문에 다른 품종들보다 수확을 늦게 하게 되는데, 이로 인해 포도의 당도는 더 올라가게 된다. 늦게 수확하여 만드는 와인인 레이트 하베스트(Late−harvest)에 적합하며, 섬세하고 기품이 있는 와인으로 산도와 당도의 균형과 조화가 일품이다.

독일 와인 레이블에서 찾을 수 있는 스위트와인을 의미하는 표기는 슈페트레제, 아우스레제, 베렌아우스레제, 트로켄베렌아우스레제이다. 슈페트레제는 레이트 하베스트의 뜻으로 늦게 수확한 포도는 당도가 정상적으로 수확한 포도보다 높아 스위트한 와인으로 생산된다. 아우스레제는 '선택된'이란 뜻으로 잘 익은 포도 중에서도 포도 한 알씩 선별한 포도로 양조한다.

베렌아우스레제와 트로켄베렌아우스레제는 귀부병에 걸린 포로도 양조한 와인인데, 베렌아우스레제는 포도송이 중 듬성듬성 귀부병에 걸린 포도이고, 트로켄베렌아우스레제는 포도송이 전체가 모두 귀부병에 걸린 포도로만 양조한 와인이다. 특히, 트로켄베렌아우스레제는 세계 최고로 꼽히는 디저트 와인이다.

32p. 참고

표 3-1 · 독일와인의 당도표시

표기	당도	와인 스타일	용도
카비넷(Kabinett)	약 17~21도	Dry 혹은 Semi Sweet	식중 와인
슈페트레제(Spätlese)	약 19~22도	Sweet	식중 와인
아우스레제(Auslese)	약 20~25도	Sweet	디저트 와인
베렌아우스레제 (Beerenauslese; BA)	약 20~25도	Sweet	디저트 와인
트로켄베렌아우스레제 (Trokenbeerenauslese; TBA)	약 35도	Sweet	디저트 와인

케르너(Kerner) 품종으로 만든 아우스레제(Auslese)

리슬링(Riesling) 품종으로 만든 아우스레제(Auslese)

② 주요 재배지역

- **독일** : 독일의 모젤(Mosel)은 대중적인 스타일, 라인가우(Rheingau)
  는 명품스타일의 리슬으로 모두 점판암의 토양에서 오는 강한 미네
  랄향이 특징이다.

- **프랑스** : 독일 팔츠(Pfalz)에서 라인강 남쪽으로 따라가면, 프랑스 알
  자스(Alsace)와 만나게 된다. 알자스는 독일과 경계에 있는 지역으
  로 때로는 독일영토, 때로는 프랑스영토였다가 현재는 프랑스영토
  이다. 역사적 내용으로 인해 알자스의 와인은 매우 독일스러운 방법
  으로 생산하고 있다. 병도 독일 와인 병처럼 목이 가늘고 긴 형태이
  다. 그러나 프랑스의 알자스는 독일과 떼루아가 다르기 때문에 독
  일 리슬링보다 과일향과 미네랄향이 강하고, 더 드라이하며, 알코
  올 도수도 높다.

- **호주** : 드라이하면서도 잘 익은 과일 풍미가 특징이지만, 독일의 리
  슬링만큼 미네랄이 강하지는 않다.

- **미국** : 워싱톤 주의 대표적인 와인생산자 샤또 생 미쉘(Château St.
  Michelle)과 독일 모젤의 닥터 루젠(Dr. Loosen)이 합작하여 '에로이
  카(Eroica)'라는 최고의 리슬링을 생산하고 있다. 그러나 캘리포니아
  주의 기후는 리슬링과 잘 맞지 않아 가벼운 스타일의 리슬링이 주
  로 생산되고 있다.

③ 리슬링과 어울리는 음식

리슬링은 드라이부터 스위트까지 매우 다양한 스타일의 와인으로 생
산되고 있다. 특히, 스위트한 리슬링은 마치 꿀을 먹고 있는 것처럼 진한
달콤함이 느껴지기도 한다.

드라이한 스타일의 리슬링은 돼지고기와 찰떡궁합이다. 돼지고기가
지니고 있는 기본적인 단맛이 리슬링과 잘 어울리는 것이다. 특히, 삼겹
살과 시원하게 칠링(Chilling)된 리슬링을 매치해보라. 입에서 돼지기름
의 느끼함을 리슬링의 산도가 부드럽게 씻겨줄 것이다. 드라이한 리슬링

이라고 해도 잔당으로 인해 단맛이 느껴진다. 따라서 매콤한 떡볶이, 불족발, 닭발 등과도 잘 어울린다.

스위트한 스타일의 리슬링은 디저트 와인이므로 디저트와 잘 어울린다. 그러나 디저트의 종류도 무궁무진하기 때문에, 디저트 중에서도 크림 브휠레 혹은 생크림 케익, 꿀이 들어간 떡류 등이 잘 어울리며 짠맛이 강한 블루치즈와도 잘 어울린다. 베렌아우스레제 혹은 트로켄베렌아우스레제는 푸아그라와도 좋은 궁합이다.

푸아그라 푸아그라(Foie Gras)는 식용을 위해 살을 찌운 거위나 오리의 간으로 '살찐 간'이라는 뜻이다. 푸아그라는 프랑스에서 각종 연회 때마다 항상 등장하는 고급요리이다.

4) 모스카토(Moscato)

모스카토는 갓 피어난 흰 꽃향기와 이국적인 열대과일, 복숭아 아로마가 매력적인 품종이다. 또한 이탈리아 피에몬테 아스티 (Asti) 지역에서 탱크방법으로 양조하면서 알코올 도수는 낮고(평균 4.5~5.5%), 약발포성의 달콤한 스위트와인으로 탄생하는 모스카토 다스티(Moscato d'Asti)는 우리나라를 포함하여 전 세계에서 가장 많이 팔리는 와인이다. 스위트한 스타일로 언제 어디서든 누구나 편안하게 즐길 수 있고, 와인초보자가 가장 선호하는 품종 중 하나이다.

포도의 아로마가 살아있고, 감미로운 과일 풍미, 부드러운 산도, 가볍고 경쾌한 스타일이 풍부한 모스카토는 다른 음식과 곁들이지 않고, 와인만 즐겨도 충분하다. 그러나 어울리는 음식을 찾고 싶다면, 생크림과 과일이 잔뜩 올라간 케익, 꿀이 들어간 떡, 과일 타르트 등 디저트류와 잘 어울린다.

모스카토의 매력적인 맛 때문에 간혹 식사와 모스카토를 함께 즐기는 소비자들이 있다. 물론 처음에는 괜찮지만, 사탕과 밥을 함께 먹을 수 없듯이 모스카토는 메인요리와는 잘 맞지 않는다.

5) 베르멘티노(Vermentino)

베르멘티노는 이탈리아 북쪽의 리구리아(Liguria), 남쪽의 사르데냐 (Sardinia)에서 주로 재배된다. 리구리아는 북쪽의 추운 해안 지역으로 흰 꽃 향과 신선함을 느낄 수 있는 특징이 있다. 사르데냐는 낮에는 뜨거운

오로디제 베르멘티노(ORO D'ISÉE Vermentino)
바닷바람을 맞으며 자란 페데리치의 오로디제
베르덴티노. 전복찜 혹은 전복버터구이와
찰떡궁합이다.

햇볕과 밤에는 시원한 바람으로 산도가 높으면서도 꿀향을 느낄 수 있다. 어느 지역에서 재배되었든, 베르멘티노는 매력적인 꽃향, 풍부한 산도, 신선함과 바디감이 좋은 품종이다.

베르멘티노와 어울리는 음식은 전복구이 혹은 전복찜, 석화굴구이, 꽃게찜 등 어패류, 갑각류와 매우 잘 어울린다.

6) 피노 그리(Pinot Gris)/피노 그리지오(Pinot Grigio)

피노 그리는 적포도 품종 중 하나인 피노 누아(pinot Noir)의 변종으로, 이탈리아 북동부 지역에서는 피노 그리지오(Pinot Grigio), 프랑스 알자스에서는 토카이 피노 그리(Tokay Pinot Gris), 독일의 바덴에서는 그라우부르군더(Grauburgunder), 팔츠에서는 루랜더(Ruländer)라고 불리며 수많은 이름과 변종을 가지고 있다. 다른 화이트와인들에 비해 거의 무색에 가까운 와인색깔을 띠는데, 피노 누아의 변종이기 때문에 포도껍질에 약간 붉은색과 회색이 있어 와인으로 양조했을 때에도 약간 핑크 색조를 띠는 피노 그리도 있다.

피노 그리는 서양배, 아몬드, 유질감(Oily)으로 뚜렷한 개성은 없으나, 기분 좋은 풍미로 어느 때에나 즐길 수 있는 화이트와인이다. 이탈리아의 모든 음식과 잘 어울린다.

입안에 올리브오일을 한 스푼 머금은 느낌

① 주요 재배지역

재배지역에 따라 약간의 차이가 있다. 이탈리아의 북쪽에서 재배되는 피노 그리지오는 맑고, 신선한 스타일이고, 프랑스 알자스는 풍부하고 농축미가 있다.

- **이탈리아** : 피노 그리지오하면 가장 먼저 이탈리아를 떠올리게 된다. 이탈리아 전 지역에서 재배되지만, 특히 베네토(Veneto), 트렌티노-알토아디제(Trentino-Alto Adige), 프리울리 (Friuli) 지역과 같

은 북부에서 더 잘 자란다. 이탈리아에서는 산도를 유지하면서 과일
향이 지나치게 강해지는 것을 방지하기 위해 일찍 수확하기도 한다.

- **프랑스** : 프랑스의 알자스에서 재배되는 피노 그리는 드라이한 스타
일에서 스위트한 스타일까지 대부분의 스타일을 생산하고 있다. 이
탈리아의 가볍고 신선한 스타일보다 알자스 피노 그리는 더 풍부하
고, 구조감이 탄탄하다. 프랑스에서 피노 블랑(Pinot Blanc), 피노 비
앙코(Pinot Bianco)라고 불리는 품종은 피노 그리와 사촌지간이며,
피노 그리보다는 조금 가벼운 스타일이다.

- **미국** : 북서부지역의 오리건주(Oregon)에서 주로 재배된다. 오리건
주의 피노 그리는 알자스보다는 가볍고, 이탈리아보다는 풍부하고
유질감이 더 돋보이는 특징이 있다. 따라서 양조스타일에 따라 차
이가 있다.

② 피노 그리와 어울리는 음식

피노 그리는 부드러운 산도에서 오는 신선함, 아몬드, 알코올 함유량
에서 오는 묵직함, 유질감이 특징이다. 그러나 무엇보다도 피노 그리의
매력은 닭요리, 파스타, 피자, 된장찌개, 파전 등 어떤 음식과도 무난하게
잘 어울린다는 점이다. 음식의 맛을 해치지도 않고, 와인이 부드럽기 때
문에 식사시간에 나누는 대화를 끊기게 하지도 않는다.

만약, 어떤 메뉴와 와인을 마실지 고르지 못했다면, 주저 없이 피노 그
리를 선택해도 나쁘지 않다.

7) 게뷔르츠트라미너(Gewürztraminer)

게뷔르츠(Gewürz)는 독일어로 향신료(spice)라는 뜻을 가지고 있고, 트
라미너(traminer)는 게뷔르츠트라미너가 속한 포도종이다.

게뷔르츠트라미너는 향기가 매우 뛰어난 포도로 와인을 처음 접하는
사람들에게 매우 매력적인 포도품종이다. 세계 전 지역에 걸쳐 재배되고
있기는 하지만, 재배하기가 까다로워 양은 풍부하지 않다. 프랑스 알자스

와인초보자를 위한 품종
1위: 모스카토,
2위: 리슬링,
3위: 게뷔르츠트라미너

지역이 게뷔르츠트라미너의 최대 생산지로 드라이한 와인부터 달콤한 와인까지 다양한 스타일의 와인을 생산되고 있으며, 와인초보자에게도 무난한 품종이다.

게뷔르츠트라미너는 드라이하지만, 과일향과 백장미향이 분명하고, 계피, 후추 등의 스파이스향도 느낄 수 있는 특징으로 인해 마늘, 양파, 고춧가루 등의 향신료를 많이 사용하는 한식과 매우 잘 어울리는 특징이 있다. 김치찌개와 게뷔르츠트라미너는 상상 이상의 조화를 이룰 것이다.

8) 베르데호(Verdejo)

스페인의 북쪽 갈리시아(Galicia) 내륙으로 가면, 카스티야 레옹(Castilla-León) 지역을 만날 수 있다. 바다는 보이지 않고, 산으로만 둘러싸인 지역으로 무게감 있는 레드가 더 유명하다. 의외로 카스티야 레옹 중 루에다(Rueda) 지역은 두에로(Duero)강을 따라 위치하고 있어 레드와인보다는 화이트와인이 알려져 있으며, 베르데호로 생산하는 와인은 품질이 뛰어나다.

까사로호 베르데호(CASA ROJO VERDEJO)

연한 레몬색과 허브향, 레몬의 상큼함을 느낄 수 있는 품종으로 소비뇽 블랑과도 비슷함을 느낄 수 있다. 베르데호는 가벼운 생선요리를 추천하는데, 무더운 여름에 시원한 베르데호와 콩나물 불고기와의 조화도 훌륭하다.

9) 세미용(Sémillon)

산도가 낮고 향이 강하지 않아 단독으로는 사용되지 않으며, 주로 샤르도네나 소비뇽 블랑과 블렌딩되는 보조 품종이다. 보르도의 소떼른에서 생산되는 스위트 화이트와인은 세계 최고 수준이다. 그 이유는 세미용 품종이 귀부현상(Noble rot)이 매우 잘 일어나는 품종이며, 특히 소떼른 지역은 귀부현상이 잘 나타나도록 하는 기후조건(습한 오전과 건조한 오후)을 갖추고 있는 곳이기 때문이다.

세계 1위를 자랑하는 스위트와인 샤또 디껨(Château d'Yquem)은 세미용 80% 정도 사용하여 양조하고 있다. 소떼른의 명성에 버금가는 또 다른 훌륭한 재배지역은 호주의 헌터밸리(Hunter Valley)이다. 헌터밸리에서는 소떼른처럼 묵직하고, 감미로운 스위트한 스타일의 와인이 아니라, 오크 숙성을 하지 않은 가볍고 드라이한 스타일로 생산하고 있다.

10) 슈냉 블랑(Chenin blanc)

슈냉 블랑은 소비뇽 블랑과 마찬가지로 프랑스 루아르 밸리가 원산지이다. 소비뇽 블랑이 루아르 밸리 동쪽의 푸이 퓌메, 상세르가 주요 재배지역인 반면, 슈냉 블랑은 루아르강 서쪽의 앙주(Anjou), 소뮈르(Saumur), 사브니에르(Savennières), 부브레(Vouvray)가 주요 재배지역이다. 슈냉 블랑의 주요 재배지역인 루아르 밸리 서쪽은 해양성 기후이며, 강과 바닷바람으로 인해 사과, 스파이스, 견과류, 미네랄향 등과 함께 자연스러운 산도가 특징이다.

또한 드라이한 스타일부터 스위트한 스타일, 고품질의 스파클링 와인도 생산할 수 있는 만능 품종이라고 볼 수 있다. 다른 재배지역인 남아공에서는 스틴(Steen)이라는 애칭으로 불리며, 루아르에서와 마찬가지로 다양한 스타일의 와인을 양조하고 있다.

부브레 무쉐(Vouvray Mousseux)가 슈냉 블랑으로 만든 스파클링 와인이다.

슈냉 블랑은 화려한 꽃향기와 상큼한 과일, 스파이스, 입안이 둥글거리는 느낌(Rounded)과 샴페인만큼 세밀하고 신선함을 느낄 수 있는 스파클링은 무더위를 날려줄 수 있는 품종이다. 더운 여름 치킨과 함께 부브레 무쉐(Vouvray Mousseux)는 매우 잘 어울리는 조화이다.

11) 비오니에(Viognier)

비오니에는 프랑스 북부 론(Rhône)의 꽁드리유(Condrieu)가 대표 재배 지역이다. 꽁드리유에서도 매우 귀한 품종으로 최고의 비오니에를 맛볼 수 있는 지역이도 한다.

일반적으로 비오니에를 샤르도네와 같이 소프트하고 풀바디한 질감으로 지닌 품종으로 생각하지만, 사실 향이 아주 풍부한 품종이다. 재배 시 가장 큰 문제점으로는 수확량이 적다는 것과 복숭아, 배, 제비꽃과 같은 섬세한 아로마가 발달하기도 전에 당도가 너무 높아진다는 것이다.

샤또 그리에(Château Grillet)는 꽁드리유의 가장 작은 AOC이며, 와이너리도 하나밖에 없다. 비오니에 100%로 만드는 샤또 그리에는 넛트향이 풍부하고 절제된 아로마로 가격과 품질 면에서 최고로 인정받고 있으며, 장기보관도 가능한 화이트와인이다.

꽁드리유는 모두 비오니에 100%로 양조하기 때문에 레이블에 품종표기를 하지 않는다. 만약 꽁드리유의 화이트가 너무 비싸다면, 남프랑스의 랑그독(Languedoc)을 선택하는 것도 좋다.

12) 뮈스카데(Muscadet)

82p. 양조방법 참고

뮈스카데는 프랑스 루아르 밸리 중에서도 낭트(Nantes)에서 주로 재배되는 품종이다. 약간의 녹색을 띠며, 신선하고, 가벼우며 드라이한 스타일이다. 낭트지역의 중심인 세브르 에 멘느(Sèvre et Maine)에서 생산되는 쉬르 리(Sur lie) 기법의 와인은 비교적 덜 날카로우며, 약간의 기포(CO_2)와 함께 효모의 풍미를 가지고 있다.

전체적으로 가볍고 신선한 스타일의 와인이며, 조개구이, 조개찜과 같은 어패류와 잘 어울린다.

페닌슐라(PÉNINSULA)
비에 빈(Vieilles Vignes) 뮈스카데를
쉬르 리(Sur Lie) 방법으로 생산

표 3-2 · 청포도 품종 특징

품종명	주요 재배지역	특징
샤르도네	전 세계 대부분 지역 프랑스 부르고뉴 (특히, 샤블리와 마코네) 미국 캘리포니아주 호주	– 화사한 열대 과일향 – 젖산발효(MLF) 시 버터향 – 오크 숙성 시 견과류, 토스트, 바닐라 – 장기 숙성 가능
소비뇽 블랑	프랑스 루아르 밸리 프랑스 부르고뉴 뉴질랜드	– 미네랄 풍부, 잔디 깎은 향, 구즈베리 – 톡톡 튀는 상큼함
리슬링	독일 프랑스 알자스 호주 미국 워싱턴주	– 풍부한 아로마 – 높은 산도와 페트롤향 – 장기 숙성 시 꿀, 견과류의 아로마
모스카토	이탈리아 피에몬테(아스티)	– 갓 피어난 꽃향 – 이국적인 열대과일 – 기분 좋은 단맛과 낮은 알코올 도수
베르멘티노	이탈리아 (리구리아와 사르데냐)	– 매력적인 꽃향 – 풍부한 산도 – 신선함
피노그리	이탈리아 북동부 프랑스 알자스 독일(바덴과 팔츠)	– 서양배, 아몬드의 아로마 – 드라이하고, 유질감(Oily) 느껴짐
게뷔르츠트라미너	프랑스 알자스 독일	– 과일향, 백장미향의 화려한 아로마
베르데호	스페인 카스티야 레옹 (루에다)	– 허브향, 상큼함
세미용	프랑스 보르도(소떼른) 호주 헌터 밸리	– 귀부현상이 잘 일어남
슈냉 블랑	프랑스 루아르 밸리 남아프리카공화국	– 화려한 꽃향기, 상큼한 과일 – 스파클링 양조용으로도 사용
비오니에	프랑스 북부론 & 랑그독	– 부드럽고 아로마 풍부
뮈스카데	프랑스 루아르 밸리	– 감귤류(레몬, 자몽) 아로마 – 신선하고 가벼움

2. 적포도 품종

전 세계적으로 가장 사랑받고 보편적인 적포도 품종 세 개를 꼽으라면, 까베르네 소비뇽(Cabernet Sauvignon), 피노 누아(Pinot Noir), 메를로(Merlot)일 것이다. 적포도 품종으로 레드와인이 탄생되는데, 풍부한 타닌감과 색상을 추출하기 위해 포도즙과 껍질을 함께 양조한다. 따라서 화이트와인보다 훨씬 더 다양한 종류의 와인이 만들어지며, 풍부한 아로마와 부케, 입안을 채우는 바디감의 범위에 따라 어울리는 음식도 천차만별이라고 볼 수 있다.

적포도 품종은 재배지역과 와인메이커, 등급에 따라서도 와인 스타일이 매우 다르게 나타난다. 와인등급에 대한 이해는 국가편 와인에서 다루기로 하고, 3장에서는 품종에 대한 특징에 대해서만 설명하고자 한다.

먼저, 전 세계적인 품종인 까베르네 소비뇽, 피노 누아, 메를로에 대해 살펴보고, 다른 주요 적포도 품종에 대해서도 알아보도록 하자.

1) 까베르네 소비뇽(Cabernet Sauvignon)

까베르네 소비뇽에는 "전 세계적인", "포도품종의 왕", "King of Kings"와 같은 수식어가 따라다닌다. 수식어만 보더라도, 까베르네 소비뇽은 포도품종 중에서도 누구나 좋아하고, 원하는 품종이라고 설명할 수 있다.

레드와인을 만드는 대표적인 품종인 까베르네 소비뇽은 원래 보르도 메독 지방의 전통적인 품종이지만 전 세계 전역에서 폭넓게 재배되고 있다. 따라서 어느 지역에서, 얼마나 익었는지, 숙성탱크가 오크 혹은 스테인리스인지에 따라 매우 다양한 향을 지니게 된다. 그러나 수많은 다양함 속에서도 까베르네 소비뇽의 중심은 바로 '블랙 커런트(Blackcurrant, 불어; Casis, 카시스)'이다.

까베르네 소비뇽은 껍질이 매우 두껍다. 두꺼운 껍질로 인해 깊고 진한 색상과 풍부한 타닌을 주며, 블랙커런트, 블랙베리 등 검은 과일향을 느낄 수 있다. 오크 숙성을 통해 놀라운 장기 숙성 능력과 복합미를 배가시킨다. 그러나 너무 풍부한 타닌 때문에 구입하자마자 바로 마실 수 있는 까베르네 소비뇽도 있는 반면, 몇년 동안 숙성 후 마셔야 하는 경우도 있다.

까베르네 소비뇽 80% 블렌딩된 몬테스 알파M과 육즙이 풍부한 등심구이와의 조화는 환상적이다.

까베르네 소비뇽의 풍부한 타닌은 입안을 마르게도 하지만, 육류 등에 함유되어 있는 단백질과 잘 결합하여 육질을 부드럽게 해주는 특징도 있다.

레드와인과 스테이크는 수학처럼 정답이 정해져 있는 공식과도 같다.

① 주요 재배지역

– **프랑스 보르도** : 구세계국가 와인들은 보통 와인 레이블에 품종표기를 하지 않는다. 누구나 알고 있을거라는 생각과 블렌딩으로 양조하는 경우에 표기하지 않는다. 보르도는 대표적으로 블렌딩으로 와인을 생산하기 때문에 지역에 따라 어떤 품종이 주품종으로 사용되었는지 이해해야 한다. 보르도 좌안에 해당하는 메독과 그라브 지역은 바로 까베르네 소비뇽을 주품종으로 블렌딩하여 양조하고 있다. 보르도에서 생산된 와인들은 저렴한 와인부터 한 병에 수백 만원을 호가하는 와인까지 가격차이가 매우 심하다. 그만큼 까베르네 소비뇽의 모습은 다양하다고 볼 수 있다.

보르도는 지롱드 강을 중심으로 좌안과 우안으로 구분하고 있다.

– **미국 캘리포니아주** : 캘리포니아주의 나파 밸리는 강한 타닌으로 단단하고, 복합성과 절제미를 골고루 갖춘 까베르네 소비뇽이 재배되고 있다. 소노마 지역의 경우 까베르네 소비뇽보다는 샤르도네가 더 유명하긴 하지만, 안개가 끼지 않는 따뜻한 지역에서는 까베르네 소비뇽도 잘 재배되고 있다.

– **호주** : 호주는 주로 쉬라즈(Shiraz)가 더 각광을 받고 있기 때문에 까베르네 소비뇽이 그늘에 가려져 있지만, 남호주 쿠나와라에서는 포도주스같이 일상에서도 편안히 즐길 수 있는 최고의 까베르네 소비뇽을 생산하고 있다.

– **칠레** : 프랑스 보르도를 제외하고, 가장 쉽게 만날 수 있는 까베르네 소비뇽은 대부분 칠레에서 생산되고 있다. 칠레 산티아고 근처 마이포 밸리(Maipo Valley)는 까베르네 소비뇽에 적합한 떼루아(언덕과 계곡, 바람, 강 등)이 훌륭하여 1800년대부터 꾸준히 재배되고 있으며, 가격대비 품질이 좋은 레드와인으로 평가받고 있다.

② 까베르네 소비뇽과 어울리는 음식

와인이 영(young)하다는 의미는 와인이 만들어진지 1~3년 된 와인들을 의미한다.

소고기 혹은 양고기와 같은 붉은 육류는 영(young)한 까베르네 소비뇽과 매우 잘 어울린다. 영한 까베르네 소비뇽은 타닌감이 매우 높은데, 육류의 풍성함이 와인의 거친 타닌감을 부드럽게 해주기 때문이다. 숙성이 오래된 까베르네 소비뇽의 경우 타닌감은 부드러워졌지만, 부케의 잠재력이 그대로 살아나기 때문에 육즙이 너무 강한 갈빗살보다는 지방질이 적은 안심스테이크나 아롱사태찜과 어울린다.

2) 피노 누아(Pinot Noir)

프랑스 부르고뉴가 원산지이며, 이 품종으로 인해 부르고뉴는 고급 레드와인 산지로 각광을 받게 되었다. 피노 누아는 재배하기가 매우 까다로워 다른 적포도 품종들이 잘 자라지 못하는 서늘한 기후대를 선호한다. 부르고뉴의 토양은 석회질로 포도의 산도를 높여주게 되는데, 이러한 특징이 산딸기, 체리 등의 야생성을 가지고 있는 매력적인 와인으로 만들어준다. 오래 숙성되면 기분 좋은 가죽향, 흙냄새, 버섯향 등도 나타나는 특징을 가지고 있다.

서늘한 기후에서 잘 자라는 피노 누아는 포도껍질이 비교적 얇아 와인의 색상이 부드러운 루비색이며, 타닌이 많지 않기 때문에 산도로 와인의 미감을 표현한다.

피노 누아는 부드러운 타닌감과 꽃밭에 들어온 듯한 풍부한 아로마로 인해 레드와인을 처음 시작하는 와인초보자 혹은 특별한 음식 없이 와인만 즐기고자 할 때, 최고의 품종이라 할 수 있다. 그러나 재배지역의 한계로 생산량이 많지 않아 비싼 가격이 가장 큰 문제이다.

① 주요 재배지역

- **프랑스 부르고뉴** : 부르고뉴에서 생산되는 모든 레드와인은 피노 누아로 만든다. 피노 누아만의 매력은 부르고뉴에서 최고치로 발산되고 있다. 부르고뉴는 '걸음마다 떼루아가 다르다.'라는 말이 있을 정도로 포도밭 단위로 잘게 쪼개어져 있는데, 부르고뉴 피노 누아를 이해하기 위해서는 반드시 지역과 포도밭, 등급에 대한 이해가 필요하다.

- **프랑스 샹파뉴** : 샴페인을 만드는 주품종 중 하나이다. 적포도 품종으로 샴페인을 양조하기 때문에 화이트와인이지만, 적포도 품종의 힘을 느낄 수 있다.

- **미국 오리건주** : 서늘한 기후를 좋아하는 피노 누아는 미국 내에서도 북쪽에 위치한 오리건주에서 좋은 피노 누아가 생산되고 있다. 부르고뉴에 비해 과일향이 좀 부족하기는 하지만, 섬세함에 있어서는 크게 차이가 없다.

- **뉴질랜드** : 비교적 역사가 짧은 뉴질랜드는 어느 지역에서든 잘 자란다는 까베르네 소비뇽을 먼저 재배하기 시작했다. 그러다가 1990년대부터 심기 시작한 피노 누아가 현재는 최대 면적을 차지하고 있으며, 피노 누아의 특징을 잘 표현해내고 있다.

- **독일** : 독일에서는 슈페트부르군더(Spätburgunder)라고 한다. 피노 누아의 본고장인 부르고뉴와 가장 유사한 특징을 지니고 있다.

② 피노 누아와 어울리는 음식

피노 누아는 다른 적포도 품종 중에서 산미가 풍부하고, 부르고뉴 피노 누아의 경우 생산마을이 어디인지에 따라 와인 스타일이 매우 다르게 나타나기 때문에 어울리는 음식 찾기가 매우 까다로운 품종이다. 피노 누아를 단순한 레드와인이라고 생각하고, 스테이크류와 페어링 한다면, 큰 낭패를 볼 수 있다. 피노 누아는 화이트와인을 가장한 레드와인이라고 생각해도 좋다. 따라서 피노 누아는 붉은 색의 생선(연어, 참치류)과 와인에 졸인 닭고기(코코뱅) 혹은 소고기(뵈프 부르기뇽), 버섯구이 등과 더 잘 어울린다.

불어로 coq au vin이라 하며, '와인에 빠진 닭'이란 뜻이다. 부르고뉴 지역의 대표적인 닭고기 스튜요리이다.

3) 메를로(Merlot)

프랑스 보르도에서 생산되는 대표적인 두 가지 품종 중 하나로, 자두향과 레드 커런트향이 풍부하다. 메를로는 까베르네 소비뇽에 비해 과육이 크고, 껍질이 얇은 것이 특징인데, 껍질의 두께로 인해 과육이 빨리 숙성하여 당도가 높다. 당도가 높다는 것은 알코올 도수도 높다는 의미로 해석할 수 있다. 따라서 보르도에서는 메를로(조생종)를 먼저 수확하고, 15일 정도 후 까베르네 소비뇽(만생종)을 수확한다.

얇은 껍질로 인해 타닌감은 매우 부드럽고, 마치 과일 케익을 한입 베어문 것과 같은 풍부한 과실향으로 거부감 없이 쉽게 즐길 수 있는 와인으로 적격이다. 즉, 우아하고도 견고한 와인 스타일을 대표하는 품종이라고 할 수 있다.

프랑스 보르도의 우안에 해당하는 쌩떼밀리옹(Saint-Émillion)과 뽀므롤(Pomerol) 지역에서는 주품종으로 사용되며, 메독 혹은 그라브에서는 까베르네 소비뇽과 블렌딩된다.

① 주요 재배지역

- **프랑스 보르도** : 보르도의 우안에 해당하는 쌩떼밀리옹(Saint-Emilion)과 뽀므롤(Pomerol) 지역에서는 주품종으로 사용되며, 메독 혹

은 그라브에서는 까베르네 소비뇽과 블렌딩되고 있다. 특히, 뽀므롤의 페트뤼스(Petrus)는 메를로 100%로 생산하며, 보르도에서도 가장 비싸고, 귀한 와인으로 보르도 지역의 최고 와인들 중에서도 최고라고 표현할 수 있다.

- **미국** : 캘리포니아주에서 1985년부터 2000년까지 생산량이 10배 이상 증가하면서 대중적인 품종으로 자리를 잡았다. 보르도에 비해서 좀 더 부드럽고, 감미로운 풍미를 지니고 있다.

- **칠레** : 칠레는 남쪽 센트럴 밸리의 마울레(Maule), 라펠(Rapel) 지역은 메를로를 대량 생산하며 쉽게 마실 수 있는 스타일(Easy to drink)이다. 조금 덜 단단한 구조감을 갖고 있는 메를로는 카차포알(Cachapoal)과 콜차쿠아(Colchaqua)의 언덕 지역에서 생산되고 있다. 그런데, 칠레에서 메를로라고 부르는 품종이 실은 보르도의 까르미네르(Carmenere)라는 사실이 알려졌다. 두 품종을 구분하려는 노력도 있었지만, 정확히 구분하기가 어려워서 레이블에 'Carmenere'라고 표기하기도 하고, 'Merlot'라고 표기하기도 한다.

② 메를로와 어울리는 음식

메를로는 우아한 타닌감과 풍부한 과실, 약간 높은 알코올 도수 등의 특징을 가지고 있어서 한 단어로 표현하자면, '포근한 스웨터' 같은 느낌이라고 할 수 있다. 따라서 메를로는 숯불에 구운 양갈비, 로스트 치킨, 우리나라 음식 중에서는 떡갈비, 불고기, 양념된 돼지갈비 등 간장 혹은 설탕으로 양념이 된 고기류와 매우 잘 어울린다.

4) 시라/쉬라즈(Syrah/Shiraz)

시라와 쉬라즈는 지역에 따라 다른 이름으로 부르지만, 같은 품종이다. 프랑스에서는 시라라고 하며, 신세계국가인 호주에서는 쉬라즈라고 불린다.

시라/쉬라즈는 색상이 매우 짙고, 자두와 블랙베리, 오디 등 검붉은 과일향과 후추, 계피와 같은 스파이스향이 특징이다. 척박한 토양과 덥고 건조한 기후를 선호하는 시라/쉬라즈는 진하고 선명한 적보랏빛 색상이 일품이며, 오크 숙성을 한 고급와인은 장기 보관 능력까지 가지고 있다.

프랑스 북부 론 지역의 대표적인 품종이자 남부 론에서 블렌딩 시 매우 중요한 위치를 차지하고 있어 점차 생산이 늘고 있는 추세이다. 특히 호주에서 가장 많이 재배되고 있으며 호주의 대표적인 품종으로 자리매김하고 있다. 또한 호주에서 까베르네 소비뇽과 블렌딩되어 묵직하면서도 품질이 뛰어난 레드와인으로 만들어지고 있다.

> 일반적인 레드와인이 핏빛 혹은 진한 루비색이라면 시라는 적보라빛이다.

① 주요 재배지역

- **프랑스 론** : 프랑스 론지역은 북부 론과 남부 론을 구분하여 설명하고 있는데, 사실 시라는 북부 론 지역의 대표적인 품종이며 단일 품종으로 레드와인을 생산하고 있다. 남부 론에서는 블렌딩으로 와인을 양조하는데, 블렌딩 비율에서 시라는 매우 중요한 위치를 차지하고 있다.

- **호주** : 뉴질랜드에 소비뇽 블랑이 있다면, 호주에는 쉬라즈가 있다고 해도 과언이 아니다. 호주의 쉬라즈는 묵직하면서도 품질이 뛰어난 레드와인으로 각광받고 있다. 특히, 남호주의 쉬라즈는 잘 익은 블랙베리, 블랙체리, 바닐라, 초콜릿, 바닐라향과 함께 스파이스한 아로마가 일품이다.

> 남호주에는 코알라가 좋아하는 유칼립투스 나무가 유난히 많다. 유칼립투스의 진액이 바람을 타고 포도열매에 붙어, 남호주 와인에서는 유칼립투스향이 난다.

② 시라/쉬라즈와 어울리는 음식

시라와 쉬라즈는 같은 이름이지만, 재배지역의 차이로 인해 어울리는 음식도 약간 다르다.

프랑스 시라는 소고기를 응용한 바비큐 혹은 그릴 비프 요리와 잘 어울린다. 또한 기름기를 뺀 로스트 비프와도 좋다.

호주의 쉬라즈는 양고기와 잘 어울리는데, 양갈비, 양고기 바비큐와 잘 어울리며, 특히 우리나라의 향신료가 많이 들어간 순대와 잘 어울리는 특징이 있다.

쉬라즈와 짜장라면,
쉬라즈와 김치찌개.
풀바디의 쉬라즈가
아니라면, 우리나라 음식과
모두 잘 어울린다.

5) 까베르네 프랑(Cabernet Franc)

품종명에서도 연상이 되듯이 까베르네 프랑과 소비뇽 블랑을 접목시켜, 까베르네 소비뇽 품종을 탄생시킨 포도품종으로서 까베르네 소비뇽과 비슷한 특징을 지니고 있다. 그러나 까베르네 소비뇽보다 타닌은 부드러우며 과일향이 좀 더 풍부하다. 보르도에서 까베르네 프랑을 블렌딩하여 와인을 양조하는 이유는 블랙베리와 블랙커런트 등의 과일향을 좀 더 풍부하게 하고자 함이다. 대표적인 재배지역은 프랑스 보르도와 루아르이다. 특히 루아르 지역의 와인은 부드러우면서 향이 풍부한 까베르네 프랑의 특징을 매우 잘 살려 생산하고 있다.

타닌은 부드러우면서도 과실향이 두드러지는 까베르네 프랑은 장어구이와도 잘 어울린다.

장어덮밥과 까베르네 프랑과의 조화는 장어의
느끼함이 과실향이 풍부한 타닌을 만나
잠재력이 상승되는 느낌이다.

6) 산지오베제(Sangiovese)

이탈리아 중서부 토스카나(Toscana) 끼안띠(Chianti) 지역의 주품종이다. 높은 산도와 풍요로운 과일향으로 오래 전부터 이탈리아를 대표하는 품종으로 자리 잡고 있다. 이탈리아와인이 전 세계적으로 인기를 얻게 된 이유도 바로 산지오베제라고 할 만큼 이탈리아의 떼루아와 음식특징을 고스란히 담고 있다. 산지오베제는 대부분 이탈리아 음식과 모두 잘 어울린다. 그 중에서도 특히, 토마토소스로 요리된 모든 음식, 예를 들면 피자, 파스타, 라자냐(Lasagna) 등과 찰떡궁합이다.

대표적인 지역은 끼안띠 지역인데, 끼안띠에서는 주품종 산지오베제 이외에도 카나이올로(Canaiolo)나 콜로리노(Colorino)와 같은 토착품종을 블렌딩하거나, 프랑스 품종인 까베르네 소비뇽, 메를로 등을 블렌딩하여 슈퍼 투스칸과 같은 거물급의 와인을 생산하기도 한다.

172p. 참고

7) 네비올로(Nebbiolo)

이탈리아 북서부 피에몬테 지역의 대표품종으로 포도품종 중 재배하기 가장 까다롭다는 피노 누아보다도 더 까다로워 피에몬테를 제외한 지역에서는 재배되지 않는다.

색상이 그리 진한 편은 아니지만 타닌이 많고 강하며, 깊은 향의 풍미가 빼어나서, 한 번 네비올로에 빠지면 헤어나올 수 없는 중독성 강한 품종이다. 네비올로로 만든 최고의 와인은 피에몬테에 속한 지역인 바롤로(Barolo)와 바르바레스코(Barbaresco)이다. 흔히 바롤로를 남성적, 바르바레스코를 여성적이라고 표현하고 있다. 두 와인 모두 구조가 잘 잡힌 와인으로, 이탈리아의 전통적인 스타일을 대변한다.

전형적인 네비올로는 매우 높은 알코올과 높은 산도, 풍부하고 섬세한 결, 매우 드라이한 타닌을 가지고 있으며, 색상은 진하지 않아서(껍질에 색소가 많지 않음) 몇 년만 숙성되어도, 와인이 벽돌빛의 색조로 변

레드와인은 숙성되면서 색이 발해져서 검붉은 레드 → 벽돌색으로 변하며, 화이트와인은 연한 노란색 → 황금색으로 변한다. 와인의 색상만 보아도 어느 정도 숙성기간을 파악할 수 있다.

화된다.

　네비올로는 고기류와 매우 잘 어울리는데, 소고기 스테이크는 물론 돼지 목살 스테이크와도 잘 어울린다.

8) 바르베라(Barbera)

　이탈리아 전역에서 널리 재배되고 있는 바르베라는 좋은 색상과 낮은 타닌, 높은 산도가 특징이다. 특히, 산도가 높지만 당도도 높아 균형을 이루어 잘 익은 체리와 같은 품종이다. 네비올로가 개성을 드러내기 위해 숙성되는 시간 동안의 빈자리를 채워주는 와인이 바로 바르베라이다. 치즈가 듬뿍 들어간 피자류 혹은 진한 크림소스의 스튜 등과 잘 어울리는 품종이다.

끌로 트리게디나
(Clos Triguedina)

9) 말벡(Malbec)

　말벡의 원산지는 프랑스 남서부 까오르(Cahors)라는 지역인데, 본 고장에서는 많은 인기를 끌지 못하다가, 아르헨티나에서 최고의 품종으로 평가받으면서 전 세계적으로 주목을 받고 있다. 사실 말벡은 지역마다 부르는 명칭이 조금씩 다른데, 보르도(Bordeaux)에서는 말벡(Malbec), 까오르(Cahors)에서는 오쎄르와(Auxerrois), 뚜렌느(Touraine)에서는 꼬(Cot)라고 부르고 있다. 타닌 성분이 많고 색상이 매우 진하며, 검은 과일, 계피, 바닐라, 건자두의 아로마가 특징이다. 프랑스 보르도에서는 약 2% 미만으로 블렌딩에 사용되는데, 까베르네 소비뇽의 힘을 부드럽게 하는 역할을 한다. 그러나 요즘은 블렌딩 비율을 점차 줄이거나 혹은 전혀 사용하지 않고 있다. 그 이유는 말벡의 특징이 어릴 때(young)는 타닌과 향이 매우 풍부하지만, 숙성될수록 산도가 높아져 와인의 구조를 깨뜨리는데 영향을 미치게 때문이다.

　반면에 아르헨티나에서는 국가대표품종으로 육성될 만큼 말벡과 아르헨티나의 떼루아는 최고의 조합으로 잘 익은 포도에서 느껴지는 농축미

이스까이 말벡 까베르네 프랑(Iscay Malbec Cabernet Franc)
세계적인 와인메이커 미쉘 롤랑과 트라피체의 수석와인메이커 다니엘피의 합작으로 완성된 이스까이 와이너리에서 말벡 70%, 까베르네 프랑 30%가 블렌딩하여 생산.

와 부드러운 타닌의 와인을 생산되고 있다.

말벡은 스테이크는 물론, 초콜릿 케익과도 잘 어울린다.

10) 템프라니요(Tempranillo)

스페인을 대표하는 품종으로, 스페인 북부지역에서 광범위하게 재배되고 있다. 템프라니요는 열매가 빨리 익는 특징이 있지만, 잘 익은 딸기와 체리향, 아메리칸 오크의 바닐라 터치 등의 무난하게 즐길 수 있는 아로마를 지닌 와인으로 탄생된다.

적포도 품종인 템프라니요도 레드와인을 생산하기에 고기류와 잘 어울린다. 따라서 스테이크류와 잘 어울리는데, 특히 양고기와 궁합이 좋다.

스페인 내에서 리베라 델 두에로와 리오하는 템프라니요로 최고의 레드와인을 만드는 지역으로 인정받고 있다.

11) 피노타지(Pinotage)

1924년 남아공 스텔렌보쉬 대학의 연구소에서 피노 누아와 쌩쏘(Cinsaut)를 교배하면서 탄생된 품종이다. 피노 누아의 딸기향과 산미, 쌩쏘의 강한 타닌이 어우러진 피노타지는 과즙이 풍부하고, 가벼운 와인부터 묵직한 와인까지 다양한 스타일로 만들어지고 있다. 또한 산도가 풍부한 특징을 갖고 있다.

따라서 피노타지는 산미가 있는 레드와인으로 스테이크도 좋지만, 붉은살 생선, 즉 참치, 방어 연어 등과 매우 잘 어울린다.

12) 갸메(Gamay)

매년 11월 셋째 목요일에 출시되는 "보졸레 누보(Beaujolais nouveau)" 때문에 유명해진 품종이다. 프랑스 보졸레의 토양과 찰떡궁합 품종으로, 루비색에 과일향이 풍부한 품종이다.

보졸레는 부르고뉴에 속한 지역으로 부르고뉴의 레드와인은 모두 피노 누아로 생산되지만, 보졸레에서는 갸메로 레드와인을 생산하고 있다. 갸메는 산뜻한 산미와 경쾌한 과일풍미와 약간의 단맛이 느껴지는 특징으로 인해 삼겹살, 돼지고기 수육과 잘 어울린다.

13) 가르나차/그르나슈(Garnacha/Grenache)

스페인이 원산지인 가르나차 품종은 프랑스의 교황이 스페인에서 가르나차 품종에 반해 프랑스 아비뇽으로 도입하여 남부론에서 그르나슈로 자리를 잡았다(교황청이 아비뇽에 있다). 프랑스 남부론에서는 그르나슈를 기본으로 시라, 무르베드르 등과 함께 블렌딩하여 우아하고 향기로운 와인을 만들고 있다. 보랏빛이 감도는 짙은 색상과 높은 알코올, 낮은 산도, 달콤한 풍미가 특징이다.

14) 진판델(Zinfandel)

캘리포니아주 전역에 재배되는 품종으로 미국의 특징을 느낄 수 있는 포도품종이지만 원래 진판델은 이탈리아의 프리미티보(Primitivo)가 미국으로 건너가 정착된 포도품종이다. 진판델은 적당한 산도와 잘 익었을 경우 산딸기와 블랙베리, 장미향 등 과일과 꽃향이 풍부한 포도품종이다. 진판델은 포도주스, 포도잼과 같다하여 Jammy, Juicy라는 표현을 많이 사용하는데, 그만큼 기분 좋은 단맛으로 인해 달콤한 소스로 요리된 돼지 등갈비 폭립과 매우 잘 어울린다.

표 3-3 · 적포도 품종 특징

품종명	주요 재배지역	특징
까베르네 소비뇽	프랑스 보르도 미국 캘리포니아주 호주 칠레	– 블랙 커런트, 두꺼운 껍질 – 풍부한 타닌
피노 누아	프랑스 부르고뉴 프랑스 상파뉴 (샴페인 주품종) 미국 캘리포니아주 및 오 리건주	– 서늘한 기후대를 선호 – 딸기향, 얇은 껍질 – 풍부한 꽃향, 기분 좋은 산도
메를로	프랑스 보르도 미국 캘리포니아주 칠레	– 자두향, 레드 커런트 – 얇은 껍질로 높은 당도와 알코올 – 우아하고 견고한 타닌
시라/쉬라즈	프랑스 론 호주	– 풍부한 향신료의 아로마, 후추, 유 칼립투스 – 적보랏빛
까베르네 프랑	프랑스 보르도 및 루아르 밸리	– 풍부한 과일향
산지오베제	이탈리아 토스카나	– 높은 산미와 과일향이 풍부 – 투명하고 맑은 와인
네비올로	이탈리아 피에몬테	– 높은 산도와 알코올 – 풍부하고 힘이 넘치는 와인
바르베라	이탈리아	– 좋은 색상과 낮은 타닌 – 훌륭한 균형감
말벡	프랑스 남서부 아르헨티나	– 풍부한 타닌, 진한 색상 – 어릴 때(young) 훌륭함
템프라니요	스페인	– 열매가 빨리 익는 특징 – 잘 익은 딸기와 체리향
피노타지	남아프리카공화국	– 피노 누아의 산미 + 쌩쏘의 타닌 – 산미가 풍부한 레드와인
갸메	프랑스 보졸레	– 루비색과 풍부한 과일향 – 산뜻한 산미
가르나차/그르나슈	스페인 프랑스 남부 론	– 진한 색상, 높은 알코올 – 달콤한 풍미
진판델	미국 캘리포니아주	– 산딸기, 블랙베리, 꽃향 – Jammy, Juicy

CHAPTER 4

와인 양조과정

CHAPTER 4

와인 양조과정

숙성이 잘된 포도를 적절한 시기에 수확하고, 파쇄한 후 포도즙을 발효시키고 일정 기간의 숙성기간을 거친 후 병입하면 한 병의 와인이 탄생된다. 와인양조의 기본과정을 간단하게 설명하면 다음과 같다.

> 포도재배 → 수확 → 파쇄 → 발효 → 숙성 → 병입

수확이 마무리되고, 와인이 되기 위한 준비를 위해 포도가 지하저장고에 도착하게 되면, 와인메이커는 일 년 중 가장 힘들고, 중요한 시기를 보내게 된다.

와인메이커의 업무는 효모를 비롯하여 와인양조에 필요한 모든 장비와 물품을 체크하고, 알코올 발효를 통해 당도가 알코올로 잘 발효될 수 있도록 효모 사용 및 기간 등을 조절한다. 발효가 끝나면, 각 와인(레드와인, 화이트와인, 로제와인)별로 색깔, 타닌, 향미 등이 최대한 발휘될 수 있도록 잘 관리해야 한다. 한 송이의 포도가 좋은 와인으로 탄생될 수 있도록 발효과정에서 생길 수 있는 모든 변수들을 통제해야 하기에 와인메이커는 발효가 끝날 때까지 긴장의 연속이다.

와인이 만들어지는 과정에서 적절한 시기에 테이스팅을 하면서 숙성하는 용기의 선택(스테인리스 혹은 오크통, 프렌치 오크 혹은 아메리칸 오

크), 숙성기간, 병입시기(숙성기간에 따라 병입시기를 다르게 조절) 등을 적절하게 판단하고 결정해야만 좋은 와인이 탄생될 수 있다.

포도재배, 와인양조, 숙성을 거치게 되면, 한 병의 와인이 탄생된다. 그럼 모든 와인의 가격이 같을까? 슬프게도 한 병에 1만원 이하의 저렴한 와인부터 수백 만원을 호가하는 고가의 와인들까지 천차만별의 와인이 존재한다. 재료는 같은데 무엇이 다를까? 와인의 품질과 가격은 바로 빈티지, 떼루아, 와인메이커의 노하우에 따라 달라지는 것이다. 앞서 떼루아에 대한 내용은 학습을 하였기에 왜 떼루아가 중요한지는 이해했을 것이다. 그럼 지금부터 와인양조가 얼마나 힘들고 중요한 과정인지 살펴보도록 하자.

> 빈티지(Vintage)는 포도수확년도를 말한다.

레드와인, 화이트와인의 양조 방법이 다르고, 신경 써야 할 부분도 다르다. 또한 스파클링와인도 다양한 방법으로 양조되며 주정강화와인인 쉐리와 포트도 양조방법이 다르다.

따라서 우선적으로 와인양조에 대한 전체적인 과정을 설명하고, 그 후에 화이트와인, 레드와인, 로제와인, 스파클링 와인, 주정강화와인을 순차적으로 설명하고자 한다.

그러나 중요한 것은 와인을 생산하는 지역, 토양, 포도품종, 와인메이커에 따라 다양한 방법으로 양조되고 있다는 점을 잊지 말자.

1. 와인의 기본 양조과정

1) 포도 수확

재배한 포도를 수확하는 방법은 두 가지이다. 손으로 직접 수확하는 방법과 기계로 수확하는 방법이다.

손 수확의 장점은 포도를 선별하여 수확할 수 있고, 수확 시 포도송이 손상의 위험성을 낮출 수 있다. 그러나 시간이 많이 걸리고 인건비가 많

수확한 포도 독일의 모젤

이 드는 단점이 있다.

수확한 포도 선별과정

기계수확은 포도나무 밑에 바구니 등을 설치하고, 기계가 포도나무를 털면서 포도송이가 바구니에 떨어지는 방법이다. 기계수확은 대량으로 수확하는 점에서는 편리하지만, 포도송이끼리 부딪치면서 알갱이가 터져 순식간에 산화가 되므로 건강한 상태의 포도라고 할 수는 없다.

손 또는 기계로 수확이 끝나면, 컨베이어 벨트에서 불순물을 골라내는 선별작업을 해준다. 선별작업을 몇 번을 실시했는가에 따라 포도의 품질이 달라지고, 포도품질에 따라 와인의 품질까지 영향을 미치게 된다.

2) 줄기제거, 파쇄(Crushing) 및 압착(Foulage)

포도 수확한 후에 줄기를 제거하는 것이 일반적이지만, 레드와인의 경우 타닌이 풍부한 와인으로 양조하고자 할 때는 줄기와 함께 발효하기도 한다.

포도알을 눌러 터트리면(파쇄) 포도즙이 나오는데, 레드와인은 포도즙과 껍질을 함께 발효하기 때문에 파쇄할 때 조심스럽게 실시해야 하며, 포도씨에서는 쓴맛이 나므로 씨가 으깨지지 않도록 주의해야 한다. 파쇄 및 압착으로 포도즙이 추출되면, 발효가 시작될 조건이 갖추어 진다.

레드와인은 포도를 파쇄한 뒤, 압착을 별도로 실시하지 않고, 포도껍질, 즙, 씨, 줄기(타닌이 풍부한 와인으로 양조하고자 할 때)까지 함께 넣어 발효를 시작한다.

화이트와인은 압착한 뒤 포도즙만 추출하여 양조에 사용하게 된다. 즉 포도의 껍질과 줄기를 제거하고, 포도즙만 사용하여 일정 시간(약 12~24시간 정도)의 자연 정제 시간을 거쳐 윗부분의 맑은 포도즙만 사용하여 발효를 시작한다. 그렇다면, 적포도 품종으로 화이트와인을 만들 수 있을까? 만들 수 있다. 적포도 품종에서 껍질을 제거한 후 포도즙만을 가지고 발효하면 가능하다.

압착의 영어 단어는 crush와 press가 있다. crush는 파쇄함과 동시에 즙을 짜는 과정이고, press는 압력을 가해 남아있는 포도즙을 끝까지 짜는 과정이다.

3) 아황산(SO_2) 첨가

아황산은 멸균, 산화 방지, 방부제 역할을 위해 첨가한다. 즉, 와인의 품질유지를 위한 최고의 물질이라고 볼 수 있다. 일반적으로 아황산 첨가는 알코올 발효 전과 숙성과 랙킹까지 모두 마친 후, 이렇게 두 번에 걸쳐 처리를 하지만, 첨가하는 시점은 와인 스타일과 양조 환경에 따라 차이가 있다. 알코올 발효 전에 첨가하는 아황산의 역할은 멸균작용이다.

4) 알코올 발효(Alcoholic Fermentation) : 1차 발효

압착된 포도즙의 당분이 효모를 만나 알코올로 변하면서 이산화탄소와 열을 내는 과정으로 모든 와인의 양조과정에서 일어나는 가장 기본적인 과정이다.

수확한 포도는 사진의 컨베이어 벨트에 올려져 불순물을
제거한다.

신세계국가(남아공)의 줄기제거 기계

제경기 제경기 안에 포도송이를 넣고 기계를 작동하면, 포도
알만 밖으로 걸러진다.

압착기

포도의 당분($C_6H_{12}O_6$) + 효모(Yeast)
→ 에틸알코올($2C_6H_5OH$) + 이산화탄소(CO_2) + 열

효모의 활동에 따라 알코올 발효의 결과가 달라진다. 효모는 열과 알
코올 도수라는 두 가지 조건에 따라 활동이 활발하게 일어나기도 하고,
죽기도 한다.

효모활동의 첫 번째 조건은 열이다. 당분이 알코올로 변하면서 이산
화탄소가 발생하는데 이를 배출할 때 열도 동반되어 발효조 내부의 온도
가 올라가게 된다. 따라서 발효조의 적절한 온도를 일정하게 유지시키는

것이 중요하다. 효모에게 적당한 온도가 주어지면 발효가 시작되고 당분이 모두 소모되면 발효는 멈춘다. 발효조의 온도가 5도 이하로 너무 낮으면, 효모가 활동을 하지 못해 발효과정이 진행되지 않고, 반대로 35~38도로 너무 높으면 효모가 일찍 죽어 발효가 되지 않는다. 일반적으로 발효조의 온도를 화이트와인의 경우 12~22도, 레드와인의 경우 20~32도 정도로 유지해야 한다.

포도의 당도는 일반적으로 브릭스(Brix)로 표시하는데, 브릭스의 약 55%가 알코올 도수로 변환된다. 즉, 당도가 높을수록 알코올 도수도 함께 높아진다. 그러나 알코올 도수 15%가 되면 발효되지 않은 당분이 남아 있더라도 효모는 죽는다. 따라서 알코올 도수가 낮은 상태에서 발효를 멈추면, 발효되지 못한 당분 때문에 스위트한 스타일의 와인이 만들어지는 것이다.

발효조는 오크 발효조, 시멘트 발효조, 스테인리스 발효조 이렇게 세 가지 종류가 있다. 각각의 발효조마다 특징이 있으며 적당한 온도를 조절하여 발효가 잘 되도록 한다.

> 포도의 당도는 일반적으로 브릭스(Brix)를 사용하며, 유럽국가에서는 보메(Baume), 독일에서는 웩슬레(Öechsle)라고도 한다. 브릭스 20~25 정도가 되면 수확이 가능하다. 브릭스 25이면, 25×55% = 13.75%의 알코올 도수로 계산된다.
>
> 이때 발효되지 않고 남은 당분을 잔당이라고 한다.

표 4-1 · 발효조의 종류 및 특징

종류	특징
오크	- 전통적인 와인 발효조이며, 오크로 인한 장점으로 여전히 선호하고 있다. - 청소하기가 어렵고 박테리아나 효모가 살 수 있어 와인 품질에 영향을 끼칠 수 있다.
시멘트	- 재료구매가 경제적이고, 청소하기 쉬우며 밀폐가 완벽하다. - 시멘트의 특징상 계절과 상관없이 온도가 일정하게 유지된다. - 시멘트와 와인이 직접 접촉하는 것을 피하기 위해 발효조 내벽을 주석, 타일, 세라믹 등을 붙임으로써 박테리아 생성이 거의 되지 않는다.
스테인리스	- 재료로 인한 와인의 변질 위험이 없고, 관리하기 가장 쉽다. - 자동 온도 장치가 설치되어 있어, 온도 조절이 매우 유리하다. - 와인메이커가 요구하는 와인 스타일에 따라 스테인리스의 품질과 크기가 각각 다르므로, 매번 제작을 해야 하기 때문에 구매가격이 매우 비싸다.

① 오크 발효조
② 오크 발효조의 온도를
낮추기 위한 코일
코일을 얼린 후 오크통
안에 넣으면 온도가
내려가는 원리: 물에
얼음을 넣는 것과 같다.

③ 시멘트 발효조
마치 시멘트 방을 연상
시키는 모양. 박테리아
방지에 가장 좋은
발효조

④ 스테인리스스틸 발효조
사진의 스테인리스스틸
발효조는 온도를 낮추기
위해 위의 뚜껑의 개폐
로 온도를 조절한다.

⑤ 스테인리스스틸 발효조
사진의 스테인리스스틸 발효조에는
발효조 중간에 코일이 감싸져 있다.
열전도율이 매우 뛰어난 스테인리스스틸
발효조는 코일에 차가운 물을
통과시키면서 온도를 조절한다.

5) 침용(Maceration)

알코올 발효 과정에서 포도껍질에서 색소와 타닌을 최대한 추출하기
위해 껍질과 포도즙을 함께 계속 담가두게 되는데, 이를 침용이라고 한
다. 화이트와인은 포도즙만을 이용하여 와인을 만들기 때문에 침용 과정
이 없다. 로제와인은 와인메이커가 원하는 스타일에 따라 짧게는 12시간,
길게는 48시간 정도 침용을 하게 되는데, 색깔만 약간 추출될 뿐 실제로
타닌이 많이 추출되지는 않는다. 침용 과정을 통해 레드와인, 화이트와
인, 로제와인이 구분된다.

가볍고 신선한 스타일의 와인은 침용 과정을 1~2주정도 단기간에 두고 진하고 묵직한 스타일의 와인을 원한다면 3~4주정도 장기간 담가둔다.

사뽀(Chapeau)

그러나 발효조 안에 있는 포도즙과 포도껍질을 가만히 두면, 포도껍질과 씨의 덩어리와 같은 고형물 등이 부글부글 떠올라 덮개의 모양으로 형성되는데 이를 영어로는 캡(Cap), 불어로는 Chapeau(사뽀)라고 한다. 이를 그대로 두면 껍질이 마르고 곰팡이가 생겨 와인에 나쁜 영향을 주기 때문에 반드시 포도즙과 고형물을 잘 섞어주어야 한다. 섞는 방법과 기간, 횟수는 모두 와인메이커가 결정한다. 섞는 방법은 다음과 같다.

① **Punching down**(불어: Pigeage, 삐자쥬)

색, 타닌, 풍미를 충분히 추출하기 위해서 위에서 발효조 위에 떠있는 부유물(Cap)을 아래로 눌러 포도즙과 접촉 시키는 방법이다.

② **Pumping over**(불어: Remontage, 흐몽따쥬)

포도즙을 발효조 아래로 뽑아 다시 발효조 위로 부어 통속에 남아있는 찌꺼기를 적셔주는 과정을 말한다.

① ~ ③ **수작업으로 삐자쥬하는 과정** 긴 막대로 사뽀를 눌러주어 타닌과 색상을 최대한 추출한다.
④ 샤또 팔메(Ch. Palmer)에서는 오크 발효조 옆에 걸려있는 깔대기 모양의 막대로 삐자쥬(pigeage)를 한다. 삐자쥬 도구는 와이너리들마다 다르다.

6) 압착(Pressing)

발효와 침용 과정이 끝나면 포도즙을 중력에 의해 밑으로 흘러내리게
하여 껍질이나 씨 등의 찌꺼기와 분리하는 작업을 실시하는데, 이를 러닝
오프(Running-off, 흘러넘침)라고 한다.

러닝 오프 과정을 통해서 프리 런 와인(Free-run wine)과 프레스 와인
(Pressed wine)이 구분된다.

① Free-run wine : 레드와인 양조 시 발효가 끝난 후 발효조에서 러
닝 오프 과정을 통해서 흘러내려 모아진 와인을 Free-run wine(자
연스럽게 흘러나왔기 때문)이라고 하며, 불어로는 Vin de goutte
(뱅 드 구뜨)라고 한다.

② Press wine : 프리 런 와인을 받고 나서 발효조에 남
은 고형물(껍질과 씨 등)을 압착해서(Pressing) 남아
있는 포도즙을 끝까지 뽑아내는데, 이런 와인을 프레
스 와인(Pressed wine)이라고 하며, 불어로는 Vin de
press(뱅 드 프레스)라고 한다.

압착기를 통해 뱅 드 구뜨와 뱅 드 프레스 분리

프리 런 와인과 프레스 와인을 크게 구분하지 않고 같이
보관하기도 하지만, 두 종류의 와인을 분리하여 따로 보관
하고 있다가 필요한 경우, 프리 런 와인 85~90%, 프레스
와인 10~15%를 블렌딩하여 골격과 바디가 풍부한 무게감 있는 레드와
인으로 양조하기도 한다.

7) 젖산발효(Malo-Lactic Fermentation: MLF) : 2차 발효

젖산발효는 젖산균의 작용으로 사과산이 젖산으로 변하는 현상이다.
이 과정을 통해 부드러운 산이 만들어지는데, 이때는 효모 대신 공기 중
에 있는 유익한 박테리아(젖산균)가 발효를 돕는다.

$$사과산 + (젖산균) \rightarrow 유산(젖산:latic) + 탄산가스$$

즉, 젖산발효는 사과산이 유산으로 변화하는 것인데 사과산은 유산의 2배에 가까운 산도를 지니고 있기 때문에 산도가 높은 사과산이 산도가 낮은 유산으로 변하면서 좀 더 부드러운 맛을 나타내게 된다. 그러나 와인의 상큼한 과일향을 감소시킬 수 있기 때문에 특별한 경우를 제외하고는 대부분 화이트와인에서는 젖산발효를 피하는 편이다.

예를 들어, 샤르도네 품종으로 오크 숙성을 시키는 화이트와인의 경우 젖산발효를 실시한다. 이런 경우 화이트와인에 버터와 같은 풍미(Buttery)를 느낄 수 있다.

8) 숙성(Maturing)

병입하기 전 숙성(오크통 혹은 스테인리스 탱크에서 숙성)은 Maturing이라고 하며, 병입 후 숙성은 Aging이라고 표현한다.

발효가 끝난 와인을 오크통이나 스테인리스 탱크에 넣어 일정 기간 숙성시키는 과정이다. 짙은 보라색에서 점차 루비색으로 변해가면서, 거칠고 쓴맛이 강했던 맛의 강도도 점차 부드러워진다. 숙성 시 보관온도는 12~15도를 유지시켜 주어야 한다.

와인향에 있어서도 포도품종에서 우러나온 아로마(Aroma)가 점점 약해지고, 발효나 숙성 후에 나오는 원숙한 향인 부케(Bouquet)가 형성된다.

와인을 조금 가벼운 스타일로 양조하고 싶다면, 스테인리스 탱크에 숙성시킨다. 포도품종의 특징에 따라서도 오크 혹은 스테인리스에 숙성

아로마(Aroma) vs 부케(Bouquet)

- **아로마** : 포도품종 고유의 향을 말한다. 따라서 과일, 꽃, 야채 등의 향이며, 스월링(Swirling, 와인 잔을 흔들어 와인과 산소와 만나게 하는 과정)을 통해 풍부하게 느낄 수 있다. 따라서 아로마를 먼저 느끼고 싶다면, 와인을 잔에 따른 후, 흔들지 말고 먼저 코로 과일, 꽃, 야채 등의 향기에 집중해보자.
- **부케** : 불어로 작은 꽃다발이라는 뜻을 지니고 있는 부케는 와인의 숙성방법, 보관, 숙성기간 등에 따라 새롭게 생성된 향을 뜻한다. 즉, 와인이 시간과 함께 머무르면서 나타나는 향이다. 부케는 나무향, 가죽향, 동물향, 발효향 등을 느낄 수 있고, 스월링을 하면 훨씬 더 풍부하게 많이 난다. 따라서 아로마보다는 부케가 좀 더 총체적인 향이라고 할 수 있다.

시킨다. 스테인리스 탱크에 숙성하는 경우 대량으로도 양조가 가능하지만, 부케는 크게 기대하기 어렵다. 그러나 오크통에 숙성을 할 경우 아메리칸 오크(American Oak)와 프렌치 오크(French Oak) 두 가지의 오크통 중 와인메이커가 선택하게 된다. 이 두 가지 오크는 제조과정이 다르며 와인을 숙성했을 때 와인에 나는 향도 다르다. 두 오크통의 차이는 〈표 4-2〉와 같다.

오크통은 일반적으로 배럴(Barrel)이라고 하며, 225리터(750mL와인 300병 용량)의 용량을 대부분 사용하고 있다. 그러나 보르도에서는 Barrique(바리끄, 225리터), 부르고뉴에서는 Piece(피에스, 228리터)라고 하는데, 명칭과 용량 모두 차이가 있다.

표 4-2 · 아메리칸 오크 vs 프렌치 오크 차이점

	아메리칸 오크(American Oak)	프렌치 오크(French Oak)
제조방법	- 공장에서 일괄적으로 제조하기 때문에 가격이 경제적임.	- 모두 수작업이며, 주문자의 요구에 따라 토스팅(Toasting)* 정도를 조절함. - 인건비와 재료비가 많이 들어 비쌈.
특징	- 나무향, 가죽향 등도 느낄 수 있으나, 특히 초콜릿 및 코코넛 풍미가 매우 강함.	- 토스팅(Toasting) 정도에 따라 와인향의 강도가 다름. - 매우 복잡하고 다양한 향이 남.

*토스팅(Toasting) : 오크통을 만들 때, 나무를 불에 구워주는 과정으로 Medium Toast, Full Toast 등 강도를 조절하여 제작함. 토스팅을 한 오크통에서는 바닐라, 캐러멜, 초콜릿, 빵 굽는 냄새 등을 풍부하게 느낄 수 있음.

9) 랙킹(Racking)

와인을 숙성시키는 동안 와인을 통(Barrel)밑에 쌓인 침전물과 분리하기 위해 다른 통으로 옮겨주는 과정이다. 침전물 제거와 또한 통 속의 찌꺼기를 그냥 놔두면 와인은 부패 현상(품질 저하)이 발생하기도 하는데 이를 방지하기 위함이다. 일반적으로 첫해에는 3~4번 정도 실시하며, 두 번째 해에는 1~2번 정도 랙킹을 해준다.

와인을 숙성시키는 동안 오크통의 틈새를 통해 와인이 증발하기도 하

오크 숙성

고, 랙킹을 실시하면서 약간의 손실분이 발생하기도 하는데, 이때 같은 와인으로 채워주는 과정을 토핑(Topping) 혹은 토핑 업(Topping up)이라고 한다. 와인의 상태에 따라 차이가 있기는 하지만, 일반적으로 일주일에 두 번 정도 실시하고, 새 오크통은 3주마다 실시하기도 한다.

불어로
우야쥐(Ouillage)라고
한다.

10) 아황산(SO₂) 첨가

두 번째 아황산 첨가는 숙성을 마치고 난 후 실시하는데, 이때의 아황산은 산화방지와 방부제 역할을 하게 된다. 그러나 아황산은 발암물질이기 때문에 첨가하는 양은 매우 까다롭게 관리되고 있다. 앞서도 설명하였지만, 아황산을 첨가하는 시기와 양은 양조조건에 따라 조절될 수 있다.

샤또 무통 로췰드(Château Mouton-Rothschild)의 토핑 업하는 과정

남아공 어니엘스(Ernic Els) 와이너리에서 숙성 중 아황산염을 주입하는 방법 적정량이 주입되면 밸브를 잠근다.

11) 블렌딩(Blending)

단일품종으로 와인을 만드는 경우가 아니라 여러 품종을 섞어서 만드는 경우 각 품종별로 숙성이 끝나고 난 후, 블렌딩을 한다. 블렌딩 비율은 각 품종들의 숙성상태 등을 와인메이커가 확인한 후 정한다.

12) 정제(Fining)

와인을 병입하기 전에 첨가물을 사용하여 와인을 탁하게 할 수 있는 미세분자들을 통 바닥에 모이게 하여 제거하는 정화의 한 과정으로 계란 흰자가 가장 일반적으로 사용된다. 그 외에 벤토나이트, 젤라틴, 카제인 등을 사용한다. 평균적으로 병입 6개월 전에 실시하여 한 달 동안 진행된다. 계란 흰자를 사용하는 경우, 하나의 오크통에 계란 4~5개 분량이 사용되는데 오크통 안에서는 산소가 없기 때문에 계란 흰자가 상하지는 않는다.

13) 여과(Filtering)

와인을 병입하기 전에 필터에 통과시킴으로써 와인에 나쁜 영향을 줄 수 있는 이스트 찌꺼기나 미생물, 기타 침전물 등을 걸러내는 정화(Clarification)의 한 과정이다. 와인이 숙성되는 과정에서 풍미와 개성을 부여할 수 있는 요소까지도 모두 걸러내는 경우가 있기 때문에 여과 과정을 반대하는 양조자들도 많다. 레이블에 "UNFILTERED"라고 표기되었다면, 여과과정을 거치지 않은 와인이라고 보면 된다.

라모스 핀토 LBV 포트(Ramos Pinto LBV Port) 여과과정을 거치지 않은 포트

14) 병입

병입 전 눈에 보이지 않는 미세한 불순물이나 미생물을 제거하는 여과 과정을 거친 뒤 오크통 혹은 스테인리스 탱크에 담아 두었던 와인을 병에 옮기는 과정이다.

프랑스와인의 경우 레이블에 'MIS EN BOUETILLE AU CHÂTEAU (미 젱 부떼이유 오 샤또)'라고 표기된 것을 볼 수 있는데, "샤또(와이너리)에서 병입했다."는 뜻이다.

와이너리는 포도밭과 양조시설을 갖추고 있는 장소 전체를 부르는 명칭이다.

이처럼 한 병의 와인을 탄생시키기 위해서는 포도밭에서부터 지하저장고까지 한 순간도 긴장을 놓쳐서는 안 된다. 1년에 단 한번만 허락된 양조의 시간이기에 모든 순간이 중요한 것이다. 좋은 포도를 얻기 위해 포도수확이 끝남과 동시에 포도밭 관리를 시작하였지만, 지하저장고에서는 포도를 수확하기 전 양조를 준비하면서부터 업무가 시작된다고 볼 수 있다.

대부분 북반구는 8월부터, 남반구는 2월부터 시작되는 지하저장고의 1년 업무 사이클은 표 〈4-3〉과 같다.

비건와인(Vegan Wine)
최근 '비건와인'이라고 레이블에 표기된 경우를 종종 보게 될 것이다.
비건와인이란 와인 양조과정 중, 정제 혹은 여과를 실시하는 과정에서 동물성 성분을 사용하는 대신 식물성 성분을 사용한 경우를 말한다.

내추럴와인(Natural Wine)
내추럴와인은 와인을 양조하는 과정 중 어떠한 첨가물, 특히 이산화황을 거의 사용하지 않은 와인을 말한다. 내추럴 와인의 반대의미는 컨벤셔널 와인(Conventional Wine)이다.

오렌지와인(Orange Wine)
오렌지와인이라고 소개하면, '오렌지'로 와인을 양조한 걸로 혼동하는 경우가 많다. 그 이유는 색깔과 향에서 모두 오렌지 껍질의 뉘앙스를 많이 지니기 때문이다. 그러나 오렌지와인이란, 청포도 껍질을 제거하지 않고, 껍질과 함께 양조하여 발효가 되는 과정에서 색깔이 예쁜 주황색으로 변한 것이다.

병입시설 레이블에 MIS EN BOUETILLE AU CHÂTEAU(미 정 부떼이유 오 샤또)라고 표기되어 있으면 샤또에서 병입했다는 뜻이다.

표 4-3 · Wine cellar(지하저장고) 1년 사이클

시기(남반구)	Wine cellar(지하저장고)의 업무
8월(2월)	– 양조 준비 – 가장 더운 지역에서는 양조 시작
9월(3월)	– 일 년 중 가장 중요한 시기 – 양조를 시작하기 위한 도구 준비
10월(4월)	– 색깔과 향미를 추출하기 위한 침용 실시 (Punching down or Pumping over)
11월(5월)	– 정제와 정화 과정 실시 – 계란 흰자(혹은 벤토나이트, 젤라틴)를 사용하여 침전물을 고체 형태로 걷어냄. – 1년차 숙성와인은 발효탱크에서 배럴로 이동
12월(6월)	– 새로 양조한 와인의 테이스팅 시작 – 젖산발효 준비
1월(7월)	– 탱크 혹은 배럴에서 젖산발효 실시
2월(8월)	– 토핑 업(Topping up, 우야쥐) 실시
3월(9월)	– 영한 와인은 병입 실시
4월(10월)	– 랙킹 실시
5월(11월)	– 병입된 와인은 발송 준비
6월(12월)	– 퀄리티 와인의 경우 좀 더 숙성
7월(1월)	– 2년차 숙성 와인의 병입 실시

2. 화이트와인(White wine) 양조

피노 누아와 피노 뮈니에로만 양조된 샴페인은 블랑 드 누아(Blanc de Noir)로 표기된다.

화이트와인은 청포도 품종을 사용하는 것이 일반적이지만, 샴페인의 경우 피노 누아 혹은 피노 뮈니에의 적포도 품종에서 껍질은 제외하고, 포도즙만을 사용하여 와인을 만든다. 그러나 청포도 품종 중에서도 껍질의 색소가 진한 게뷔르츠트라미너, 피노 그리 등은 압착할 때 색소가 나오지 않도록 주의해야 한다.

과일향이 풍부하고 신선한 스타일의 화이트와인은 신선함을 유지하기 위해 스테인리스 탱크를 사용하여 저온 발효로 긴 기간 동안 발효시킨다.

75p. 참고

풀바디한 스타일의 화이트와인(특히, 샤르도네 품종)의 경우 복합적인 풍미를 위해 젖산발효(MLF)를 실시하고, 6~12개월 정도 오크 숙성 및 병입 숙성도 실시한다. 젖산발효를 실시한 화이트와인의 경우, 버터와 같은 풍미(Buttery)를 느낄 수 있다.

화이트와인의 양조방법 중 과일의 풍미를 살리고 신선함 및 복합미를 강조하기 위해 발효가 끝나도 찌꺼기를 제거하지 않고, 겨울 동안 오크 또는 스테인리스 탱크 내에서 숙성 후 병입하는 방법이 있는데, 이를 쉬르 리(Sur Lie)라고 한다. 쉬르 리는 프랑스 루아르의 뮈스카데 품종에서 50p. 뮈스카데 설명 참고 자주 실시되는 방법이었지만, 지금은 다른 와인생산지역에서도 응용되고 있다. 또한 쉬르 리 방법으로 화이트와인을 양조하면, 신선함이 그대로 유지되고, 제거하지 않은 찌꺼기에서 효모향이나 아미노산을 비롯한 성분을 흡수할 수 있기 때문에 하나의 양조기술로 정착되고 있는 추세이다.

생산지역, 포도품종, 와인메이커마다 차이가 있겠지만, 보르도 양조조합에서 실시하는 화이트와인 양조과정은 다음의 〈표 4-4〉와 같다.

남아공 라비니에(L'Avenir) 와이너리
와인메이커는 양조 과정 중 최고의 와인을
만들기 위해 수시로 테이스팅한다.

테이스팅을 하면서 발효상태 체크. 알코올
발효가 시작된 지 얼마 안된 화이트와인은
마치 달콤한 포도주스와 같다.

표 4-4 · 화이트와인 양조의 기본 – 보르도 양조조합

양조용어	과정 설명
수확	– 좋은 포도를 수확 및 선별
파쇄(Crushing) 및 압착	– 파쇄: 포도송이를 터트림 – 압착 : 포도즙을 뽑기 위해
아황산염(SO₂) 첨가	– 멸균작용 및 박테리아 제거를 위해 아황산염(SO₂) 처리
정화(Clarification) 및 침용(Sedimentation)*	– 찌꺼기를 가라앉게 하여 맑은 포도즙이 되도록
저온 유지	– 일정하게 낮은 온도를 유지한다.
알코올 발효	– 효모첨가 및 알코올 발효 실시
아황산염(SO₂) 첨가	– 산화방지 및 방부제역할을 위해 아황산염(SO₂) 처리
안정화	– 안정화 유지
정제(Fining)	– 와인 정제하기
숙성	– 알코올 발효 후 오크통에서 병입되기 전까지 숙성
정화(Clarification)	– 와인을 맑게 해주기 위해
병입	– 병입

*레드와인의 침용과 혼동하면 안 된다.
화이트와인에서의 침용은 Sedimentation으로 찌꺼기를 가라앉히는 방법이다.

3. 레드와인(Red wine) 양조

레드와인과 화이트와인의 양조방법에서 가장 큰 차이는 '껍질'이다.

즉, 레드와인은 껍질에서 색소와 타닌 등을 추출하기 위해 포도즙과 껍질을 함께 두는 '침용(Maceration)'과정을 실시하게 된다. 침용 기간 및 방법에 따라 다양한 스타일의 와인으로 양조된다. 침용에 이어서 와인에 부드러움을 주기 위한 젖산발효를 실시하게 된다.

레드와인 양조방법 중 신선하고 과일풍미가 좋은 가벼운 스타일의 레드와인으로 양조하고자 할 때, 탄산침용법(Cabonic Maceration)을 활용하는 경우가 있다. 탄산침용법이란 포도를 파쇄하지 않고 포도송이 그대로 발효조에 넣고, 탄산가스를 채워둔다. 포도는 효모의 도움 없이 포도알 자체에 있는 효소, 즉 엔자임(Enzymes)의 작용으로 발효가 시작된다. 결과적으로 발효가 일어나는 것은 동일하지만, 발효가 시작될 때부터 포도알을 통째로 넣기 때문에 색깔은 추출되지만, 타닌은 많이 나오지 않기 때문에 와인의 색은 선명하고 과일 풍미가 풍부하고 타닌은 낮은 와인이 만들어진다.

그러나 탄산침용으로 생산된 와인은 숙성이 잘되지 않는 단점이 있다. 프랑스의 보졸레 누보는 탄산침용법으로 생산되는 대표적인 와인이며, 남프랑스나 루아르 지역에서도 이 방법을 사용하고 있지만, 신세계국가에서는 비교적 많이 사용하고 있지 않다.

130p. 참고

보르도 그랑 크뤼에 해당하는 고급와인의 경우 랙킹 후, 새 오크통에서 18개월 정도 숙성, 정제과정 후 병입한 다음에도 6개월 정도 병입숙성을 시킨 후 출하하고 있다. 이러한 과정은 화이트와인 양조과정에서 설명한 것처럼 생산지역, 포도품종, 와인메이커마다 차이가 있으며, 보르도 양조조합에서 실시하는 레드와인 양조과정은 다음의 〈표 4-5〉와 같다.

표 4-5 · 레드와인 양조의 기본 – 보르도 양조조합

양조용어	과정 설명
수확	– 좋은 포도를 수확 및 선별
줄기 제거 및 파쇄	– 줄기 제거과정 및 파쇄 (레드와인은 과육과 껍질, 씨를 모두 함께 넣고 양조하기 때문에 압착은 별도로 실시하지 않음)
아황산염(SO₂) 첨가	– 멸균작용 및 박테리아 제거를 위해 아황산염(SO_2) 처리
알코올 발효(1차 발효)	– 효모가 당분을 알코올로 변화시키면서 알코올 발효 진행
압착	– 프리 런 와인과 프레스 와인을 따로 분리함.
젖산 발효(2차 발효)	– 사과산이 젖산으로 발효하는 과정
아황산염(SO₂) 첨가	– 산화방지 및 방부제 역할을 위해 아황산염(SO_2) 처리 (과도한 양은 와인의 맛과 향에 영향을 미치므로 프랑스에서는 엄격하게 규정)
블렌딩	– 보르도 와인의 경우 여러 품종을 섞어서 양조 (단일 품종으로 양조하는 경우에는 블렌딩 과정 없음)
숙성	– 숙성
정제(Fining)	– 와인 정제하기(투명한 와인을 위해 커다란 입자들을 제거하는 과정)
병입	– 병입

4. 로제와인(Rosé wine) 양조

로제와인은 화이트와인 혹은 레드와인의 양조방법을 응용하는 방법으로 만들어진다. 일반적으로 유럽 내에서는 발효가 끝난 화이트와인과 레드와인을 혼합하여 로제와인을 만드는 것을 금지하고 있으며, 샹파뉴에서는 예외적으로 같은 지역에서 수확된 레드와인을 베이스와인에 혼합하고 나서 병내 2차 발효를 실시하는 것을 인정하고 있다.

로제와인의 가장 큰 매력은 모든 음식과도 잘 어울린다는 것이다. 그 이유는 아마도 화이트와인과 레드와인의 중간으로 개성이 뚜렷하지 않기 때문일 수도 있다. 로제와인은 어떤 품종으로 양조하는가에 따라 진한 루비색에서부터 연어 살색까지 와인 색상에도 차이가 있다.

로제이지만, 어떤 품종으로 양조했는지에 따라 색깔이 모두 다르다. 일반적으로 껍질이 두꺼운 품종(시라, 그르나슈 등)으로 로제를 만들면 좀 더 붉은색이 난다.

1) 직접 압착법

적포도를 사용하고 침용과정 없이 압착과정에서 압력을 높여 원하는 색상이 나오도록 한다. 화이트와인처럼 적포도를 직접 압착하며, 침용과 정은 거치지 않는다.

프랑스에서는 뱅그리(Vin Gris)라고 하며, 캘리포니아에서는 블러쉬 와인(Blush Wine)이라고도 한다.

2) 세니에 방법(Saignée Method)

적포도를 사용하며 레드와인과 같은 방법으로 파쇄한 후, 10~24시간 정도 껍질과 함께 발효시킨 후 원하는 색이 나오면 포도즙을 내려 껍질 과 분리한 뒤 발효를 계속한다. 탱크에서 포도즙을 뽑아내는 모습이 마 치 피를 뽑는 것처럼 보인다 하여 세니에 방법(Saignée = 피뽑기 방법)이 라고 한다.

3) 레드와인 양조방법 응용

레드와인 양조방법을 응용한 것으로 단축된 레드와인 방법이라고도 한다. 유럽지역에서 생산되는 전통적인 로제와인의 대부분은 이 방법으로 생산하고 있다.

파쇄한 포도즙을 24~72시간(1~3일) 정도 껍질과 함께 침용한 뒤, 색깔과 타닌을 어느 정도 추출한 뒤, 포도즙만을 분리하여 발효시키는 것이다. 침용시간으로 인해 다른 로제와인들에 비해 복잡한 아로마와 약간의 구조감도 느낄 수 있다.

표 4-6 · 화이트, 레드, 로제와인의 양조과정 비교

주요 양조과정	화이트	레드	로제	주요 첨가물
수확 및 선별	○	○	○	
파쇄	△	○	△	아황산(SO_2) 첨가**
압착(Foulage)	○	×	△	
알코올 발효	○	○	○	효모
침용	×	○	△	
압착(Pressing)	×	○	△	
젖산 발효	△	○	△	
숙성	△	○	△	
랙킹	○	○	○	아황산(SO_2) 첨가
정제	△	△	△	계란 흰자, 젤라틴, 벤토나이트, 카제인
여과	△	△	○	
병입	○	○	○	

*○: 거의 대부분 실시/ △: 경우에 따라 실시 결정 / ×: 일반적으로 실시하지 않음.

**아황산을 첨가하는 시기는 와인 스타일과 양조 환경에 따라 차이가 있음.

5. 스파클링와인(Sparkling wine) 양조

스파클링와인은 이미 만들어진 스틸와인에 효모와 당을 첨가하여 발효가 한 번 더 일어난 와인이다. 발효가 될 때, 이산화탄소(CO_2)가 발생되는데 밖으로 배출되지 못한 이산화탄소가 와인에 녹아들면서 기포가 형성되고 평균 3~6기압의 스파클링와인이 되는 것이다.

스파클링와인이라고 하면, 일반적으로 '샴페인(Champagne)'이라고 부르지만, 샴페인은 프랑스 상파뉴 지역에서 생산된 스파클링 와인에만 사용할 수 있는 명칭이며, 상파뉴 외의 지역에서는 다른 명칭으로 불리고 있다.

> 자동차 타이어의 공기압이 평균 30~36이다.

표 4-7 · 스파클링와인의 명칭

생산지역		명칭
프랑스	상파뉴*	샴페인(Champagne)
프랑스	그 외 지역	크레몽(Crémant), 무쉐(Mousseux)
스페인		까바(Cava)
이탈리아		스푸만테(Spumante), 프란치아꼬르따(Franciacorta)**, 프로세코(Prosecco)***
독일		젝트(Sekt)

*상파뉴에서는 샤르도네, 피노 누아, 피노뮈니에로만 양조해야 함.
**이탈리아 롬바르디아 지역에서 샴페인 방법으로 양조한 스파클링와인
***이탈리아 베네토 지역에서 주로 생산되는 스파클링와인

스파클링와인보다 기압이 낮은 경우 약발포성 와인(3기압 이하)이라고 하는데, 이 역시도 생산지역마다 명칭이 다르다. 프랑스는 페티앙(Pétillant), 이탈리아는 프리잔떼(Frizzante), 독일은 페를바인(Perlwein)이라고 한다.

스파클링와인은 전통적인 방법, 탱크 방법, 트랜스퍼 방법 등이 있다.

> 상파뉴 방법(Champagne Method)라고도 하였으나, 샴페인 명칭과 혼동할 수 있다하여 1994년 EU에서 상파뉴 방법이라는 용어를 금지시켰다.

1) 전통적인 방법(Traditional Method)

전통적인 방법은 이미 만들어진 스틸와인에 효모와 당을 첨가하여

2차 발효가 일어나도록 한
다. 2차 발효가 일어나면서
병 내에 알코올, 탄산가스,
효모찌꺼기가 생기게 된다.
효모찌꺼기가 얼마나 병 속
에 있느냐에 따라 와인 품
질이 결정된다.

MÉTHODE TRADITIONNELLE

효모찌꺼기를 병목에 모
은 후 제거하고, 효모찌꺼기가 제거되면서 손실된 와인을 리큐어로 첨가
하면 스파클링와인이 완성된다. 첨가하는 리큐어의 당도에 따라 스파클
링와인의 당도도 결정된다.

전통적인 방법의 가장 핵심은 2차 발효에서부터 나머지 공정이 모두
병 속에서 일어난다는 것이다. 노력과 비용이 가장 많이 드는 방법으로
최고급 스파클링와인 생산에 주로 사용된다.

특히, 상파뉴 지역에서는 피노 누아, 피노 뫼니에, 샤르도네 이 세 품
종만 재배를 허용하고 있다.

상파뉴에서 생산되는 샴페인 품종의 특징

① **피노 누아(Pinot Noir)**
샴페인의 바디감을 형성하는 데 도움을 준다.
② **피노 뫼니에(Pinot Meunier)**
샴페인을 만들 때 피노 누아를 도와주는 품종이다.
③ **샤르도네(Chardonnay)**
샴페인 중 블랑 드 블랑(blanc de blancs)은 이 포도로만 생산한다. 샴페인에서는 풍부한 과일향과 산도
를 형성하게 한다.

전통적인 방법의 스파클링 와인 양조과정은 다음과 같다.

꿰베(Cuvée)는 블렌딩한 와인을 뜻함. 뀌브(Cuve)는 발효과정에서 사용되는 통 혹은 탱크를 뜻함.

다양한 연도의 포도즙이 섞이기 때문에, 일반적으로 스파클링 와인은 빈티지가 없다(NV=Non Vintage로 표기).

① 블렌딩

꿰베(Cuvée)라 불리는 다양한 연도의 일반 와인들을 섞는 단계이다. 100여 개에 달하는 다양한 연도의 꿰베가 섞이는 순간이며, 블렌딩의 예술이라고 표현한다. 샴페인의 경우, 최고가 탄생되는 역사적인 순간이다.

② 보당

이스트와 설탕혼합물인 리큐르 드 띠라쥬(Liqueur de tirage)를 첨가한 후, 병입 및 봉안한다. 이때 알코올로 변환되지 못하고 병 속에 남은 당분이 움직이면서 발효 준비를 한다.

③ 2차 발효

이 단계는 눕혀져 보관되며, 2차 발효와 함께 생산되는 탄산가스는 와인이 천천히 발효되면서 밖으로 배출될 수 없어 와인에 속으로 스며들면서 압력이 형성된다.

샴페인의 2차 발효 및 숙성 뵈브 클리코 지하셀러의 2차 발효 및 숙성중인 샴페인

④ 숙성

발효를 마친 이스트는 자기분해를 시작하면서 와인의 맛과 향을 더욱 섬세하고 다양하게 만들기 위해 움직인다.

⑤ 병 돌리기(Riddling, 불어; Remuage, 르뮈아쥬)

르뮈아쥬의 전통적인 기술은 뵈브 클리코(Veuve Clicquot) 샴페인의 시조인 뵈브 클리코여사와 그녀의 요리사였던 앙뚜완느 뮬러(Antoine Müller)에 의해 개발되었다.

역할을 마친 죽은 효모를 병목에 모으기 위해 수평으로 누워있던 병을 수직방향으로 바꾸게 된다. 병은 퓨피뜨르(Pupitre)라고 하는 삼각대 형태의 구멍이 뚫린 선반에 꽂고, 매일 조금씩 병을 돌려주면 죽은 효모찌꺼기가 병목으로 이동하게 된다. 몇주 동안 와인병을 회전하면, 발효를 마친 효모는 병목에 쌓이게 된다.

뵈브 클리코 샴페인 하우스의 까브(Cave) 숙성을 모두 마친 후, 병 안의 죽은 효모찌꺼기를 제거하기 위해 퓌피트르(Pupitre)라는 거치대에 병을 거꾸로 꽂아 병돌리기(르뮈아쥬)를 실시하면, 병목에 이스트 찌꺼기가 모인다.

⑥ **이스트 제거**(불어; Dégorgement, 데고르쥬망)

와인병의 기압과 탄산가스로 인해, 죽은 효모는 앞으로 튀어나가며 제거된다. 이때 와인도 함께 쏟아져 나가 손실분이 생기지 않도록 주의해야 한다.

⑦ **보당**(도자쥬; Dosage)

데고르쥬망을 하면, 어쩔 수 없이 손실분이 생기게 되는데 손실된 와인의 양만큼 설탕이나 리저브 와인의 혼합물을 첨가한다. 이때 첨가하는 당도에 따라 스파클링와인의 스타일이 정해진다. 스파클링 와인의 당도 용어는 Brut(브뤼, Dry), Sec(쎅, Semi Dry), Doux(두, Sweet)로 표기하고 있다.

그롱네, 블랑드 누아 브뤼NV(Grongnet, Blanc de Noir Brut NV)

때땡져(TAITTINGER)의 코르크
NV의 샴페인임에도 불구하고, 코르크의 상태가 다른 경우가 있다. 이런 경우는 병입시기가 다른 것인데, 왼쪽의 쪼그라든 코르크가 병입된지 더 오래된 샴페인이다. 즉, 숙성이 더 오래된 샴페인이며, 이런 경우 효모향보다는 견과류향이 매우 풍부하며 부드럽다.

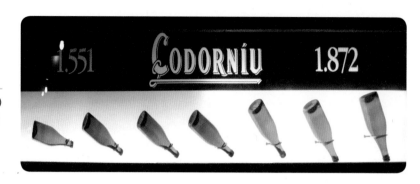

스페인 꼬도르뉴(Codorniu)
전통적인 방법으로 까바를
생산하는 와이너리로
뤼미아쥬에서 데고르쥬망
으로 진행되는 과정

2) 탱크 방법(샤르마 방법, Charmat Method)

전통적 방법과 달리 2차 발효까지 모두 탱크 내에서 실시하고, 죽은 효모찌꺼기 제거는 필터를 사용하여 한꺼번에 진행하는 특징이 있다. 비용 절감과 시간 단축이 가능하지만, 와인에 복합적인(Complexity) 풍미를 주지는 않는다.

이탈리아 아스티 지역의 스푸만테는 샤르마 방법을 응용하여 생산하고 있다.

흔히 알고 있는 모스카토
다스티(Moscato d'Asti)
에서 Asti는 지역의
이름으로 아스티에서
생산된 모스카토라는
뜻이다. 아스티는
피에몬테에 속해 있다.

3) 트랜스퍼 방법(Transfer Method)

2차 발효까지 병 안에서 실시하고, 발효가 모두 끝나면 큰 탱크로 와인을 모두 옮겨 필터를 이용해 한꺼번에 이스트 찌꺼기를 걸러내는 방법이다. 전통적인 방법과 탱크 방법의 중간 방법이라고 할 수 있으며, 주로 신세계국가에서 사용하고 있다.

6. 주정강화 와인(Fortified wine) 양조

주정강화 와인은 발효 진행 중 혹은 발효가 끝난 후 알코올이나 브랜디 등 첨가물을 넣어 당분이 알코올로 변하는 진행을 멈추게 하여 인위적으로 알코올 도수를 높인 와인이다.

진한 과일잼 같기도 하고, 호두, 초콜릿, 견과류 등 복합적인 향미는 가히 환상적이라고 할 수 있다.

주정강화 와인은 주정을 언제 했는가에 따라 드라이한 스타일로 만들어지기도 하고, 스위트한 스타일로 만들어지기도 한다. 드라이한 주정강화의 대표주자는 스페인의 쉐리와인이며, 주로 식전주로 즐긴다. 스위트한 주정강화의 대표주자는 포르투갈의 포트 와인이며, 주로 디저트와인으로 사용된다.

1) 포트와인(Port wine)

포르투갈 도우로강을 따라 형성된 포트와인의 주생산지이며 원산지통제명칭 지구인 포르토(Porto)에서 포트와인이 생산된다.

블렌딩으로 양조하는 포트와인은 전통적으로 100가지가 넘는 품종이 사용되었지만, 현재는 15가지의 주요품종과 14가지의 보조품종이 지정되어 있다. 그 중에서 구베이오(Gouveio), 말바지아 피나(Malvasia Fina), 비오신호(Viosingo)의 청포도 와인 품종 3가지와 또우리가 나시오날(Touriga Nacional), 또우리가 프란카(Touriga Franca), 띤따 바호카(Tinta Barroca), 띤따 호리스(Tinta Roriz), 띤또 까웅(Tinto Cão) 등 적포도 품종 5가지가 주로 많이 사용된다.

포트와인은 발효가 진행되는 중간에 주정을 함으로써 남아있는 당분이 있음에도 불구하고, 알코올이 들어와 효모가 발효를 멈추게 된다. 따라서 남아있는 잔류당분으로 인해 스위트한 스타일의 디저트와인으로 탄생된다.

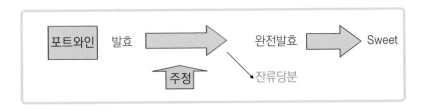

포트와인은 화이트 포트(White Port), 루비 포트(Ruby Port), 토니 포트 (Tawny Port), 빈티지 포트(Vintage Port)로 구분되는데, 화이트 포트는 청 포도 품종으로 만든 포트와인이다. 아몬드향이 매력적인 화이트 포트는 가볍게 즐길 수 있는 포트와인 중 하나이다.

루비 포트, 토니 포트, 빈티지 포트는 숙성기간에 따른 구분이다.

루비포트(Ruby Port)는 평균 2~3년 정도 숙성한 대중적인 스타일의 포트이며, 큰 오크통에서 숙성된다.

토니포트(Tawny Port)는 여러 해의 와인들을 블렌딩하여 10년, 20년, 30년 등 단위별로 작은 오크통에서 숙성한다. 토니(tawny)의 뜻에서도 알 수 있듯이 와인의 색깔이 황갈색을 띠는데, 이는 숙성기간이 길어지면서 와인의 색이 변화된 것이라고 볼 수 있다.

빈티지포트(Vintage Port)는 뛰어난 해에 가장 좋은 포도밭에서 수확 한 포도로만 만들며, 와인을 만들고 2년 안에 병입하여 까브(Cave; 지하 저장고, 셀러)에서 오랜 시간 병숙성을 하는 포트이다. 빈티지포트는 영 (Young)할 때(3~5년 이내)에 마셔도 좋지만, 숙성 후에 진가를 발휘한다.

레이트 보틀드 포트(Late Bottled Vintage Port: LBV, 늦게 병입한 빈티

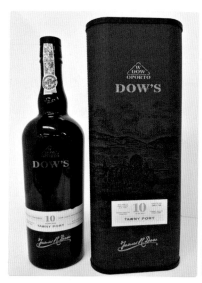

DOW'S의 10년 Tawny Port, 포트와인은 디저트 와인으로 스틸와인처럼 한 번에 한 병을 모두 마시지 않아도 되기 때문에 마개를 쉽게 열고 닫을 수 있게 되어 있다.

지 포트)는 루비포트처럼 여러 해의 와인을 섞어서 만드는 것이 아니라 한 해에 수확된 포도로만 만드는 포트이다. 포도를 수확된 해가 레이블에 표기되고, 추가로 병에서도 숙성이 이루어질 수 있다.

2) 쉐리와인(Sherry wine)

스페인 남부의 헤레스 드 라 프론테라(Jerez de la Frontera)가 대표적인 생산지이다. 쉐리와인에 있어서 가장 중요한 조건은 토양이며, 팔로미노(Palomino), 페드로 히메네스(Pedro Ximexez), 모스카텔 고르도 블랑코(Moscatel Gordo Blanco)의 세 가지 품종으로 만든다.

쉐리와인은 발효가 모두 끝난 후 주정을 첨가하여 주로 드라이한 스타일의 주정강화 와인이 탄생되어, 주로 식전주로 많이 사용된다. 그러나 쉐리와인 중에서도 캐러멜처럼 달콤한 스타일도 나오고 있다.

쉐리와인을 양조할 때 건포도처럼 말린 포도를 압착하여 나무 발효통에 넣고, 공간을 남긴 뒤 공기와 접촉하게 한다. 이때 발효 중 산화하면서 플로르(Flor)라는 효모막이 형성하게 된다. 바로 이 플로르로 인해 독특한 향미가 만들어지는데, 알코올 도수가 높으면 플로르가 잘 생기지 않고, 플로르가 생기는 타입을 피노 쉐리(Fino Sherry)라고 한다.

발효 후에는 피라미드 형으로 통을 쌓고, 솔레라 시스템(Solera System)이라는 독특한 방법을 사용하는데, 오래된 나무통에서 와인을 뽑아내고 생긴 빈 공간에 새로운 와인을 채워가는 방법으로 쉐리와인의 숙성과 품질의 균일화를 목적으로 사용한다.

① 플로르가 피는 것

- **피노(Fino)** : 플로르의 찝찔하고 자극성 있는 향이 난다. 드라이하며 색깔이 옅다.
- **만사니야(Manzanilla)** : 바다 근처에서 양조되어 플로르가 더 무거우며, 짭짤한 맛이 난다.
- **아몬티야도(Amontillado)** : 플로르가 중간에 죽어 더 산화된 스타일이며, 색깔이 진하고, 드라이하지만 약간 단맛이 나는 경우도 있다.

② 플로르가 없는 것

- **올로로소(Oloroso)** : 플로르가 전혀 생기지 않아서 산화에 직접 노출되어 캐러멜색이 나며, 향미가 매우 진하다.
- **페드로 히메네스(Pedro Ximenez, PX)** : 페드로 히메네스는 포도품종의 이름이기도 하지만, 매우 스위트한 와인을 말하기도 한다. 수십년 또는 백년 이상 숙성된 PX도 있으며, 매우 진한 색깔(거의 검은색)로 찐득하다.
- **크림 쉐리(Cream Sherry)** : 올로로소에 페드로 히메네스를 넣어 스위트한 쉐리이다.

3) 마데이라(Madeira)

포르투갈령 마데이라 제도의 섬 중 하나인 마데이라는 모로코에서 더 가까운 화산섬으로 온도와 습도가 모두 높은 아열대성 기후에 가깝다. 산미가 강한 말바지아(Malvasia)로 만들고 익힌 과일, 그을린 오렌지, 에스프레소, 설탕에 조린 넛트향이 매력적이다. 마데이라는 대부분 여러 종류의 포도와 빈티지를 블렌딩하는데 평균 숙성년도를 '5 years old'라는 형식으로 표기하며, 당도에 따라 4가지 스타일이 있다.

- **세르시알(Sercial)** : 당도 4 이하이며 드라이하다.
- **베르델효(Verdelho)** : 당도 5~7이며, 미디움 드라이이다.

- **부알(Bual)** : 당도 8~10이며, 미디움 스위트이다.
- **마므세이(Malmsey)** : 당도 10 이상으로 스위트이다.

당도에 따라 4가지 스타일이 있기 때문에, 부알과 마므세이는 디저트 와인 대용으로 마셔도 좋고, 세르시알과 베르델효는 식전주 대용으로 즐기면 된다.

7. 스위트와인(Sweet wine) 양조

스위트와인의 양조방법은 스파클링이나 주정강화 와인처럼 특별한 과정이 필요하다기보다는 포도 수확 시기나 귀부병 등에 의해 포도 자체의 당도가 높아져서 생산되는 경우가 더 많다.

일반적으로 보트리티스 시네리아에 감염된 포도로 생산되는 귀부와인, 포도가 얼 때까지 기다렸다가 수확하여 생산되는 아이스바인, 수확 시기보다 조금 더 늦게 수확하여(아이스바인 보다는 빨리 수확) 일반 포도보다 약간 당도가 높은 레이트 하베스트(Late-harvest), 포도를 수확 후 건조시킨 포도로 생산하는 빈산토, 레치오토, 파시토, 아마로네 등과 스위트 스파클링와인 등이 있다.

1) 귀부와인

32p. 사진참고

습한 아침과 건조한 오후라는 기후조건에서 아직 포도나무에서 수확하기 전 포도송이에 보트리티스 시네리아가 활동을 하면서, 포도열매에 달라붙어 수분을 빨아먹는다. 따라서 수확되기 전 포도열매가 당분은 남아있고, 수분은 날아간 건포도 상태가 되며, 이 포도로 수확하여 양조한 포도는 세계 최고의 디저트 와인으로 탄생된다.

세계 3대 귀부와인은 프랑스의 소떼른, 독일의 트로켄베렌아우스레제, 헝가리의 토카이이다.

Wein(바인) : 독일어로
와인

2) 아이스 바인(Eiswein)

아이스 바인은 포도열매가 얼 때까지 기다렸다가 바로 수확 후, 압착하여 생산한다. 특이한 점은, 새벽 2~4시까지만 수확하며, 일출이 시작되면 수확을 멈춘다. 그 이유는 햇볕이 나오기 시작하면 온도가 올라가 얼었던 포도가 녹으면서 당도가 떨어지기 때문이다. 따라서 빠른 시간 내에 집중적으로 수확해야 하기에 인건비가 많이 들어간다.

아이스 바인은 완숙한 포도의 순수한 맛과 향을 가진 스위트와인이다.

3) 레이트 하베스트(Late-harvest)

레이트 하베스트는 단어 의미 그대로, 수확시기보다 좀 늦게 수확한 포도로 생산하는 스위트와인이다. 일반적으로 리슬링과 게뷔르츠트라미너는 산도가 높아 당도와도 좋은 균형을 이루는 품종으로 레이트 하베스트에 적합하다. 독일에서는 슈페트레제(Spätlese)라고 하는데, 간혹 슈페트레제이더라도 드라이한 경우가 있으니, 레이블을 잘 확인해야 한다.

4) 빈산토(Vinsanto), 레치오토(Recioto), 아마로네(Amarone), 파시토(Passito)

포도를 수확 후 건조시킨 다음 양조하는 스타일로, 포도의 당분을 응축시키는 방법이 다른 스위트와인과 차이가 있다.

- **빈산토(Vinsanto)** : 토스카나의 와인으로 트레비아노, 말바지아와 같은 품종으로 만든다. 포도를 돗자리와 같은 곳에 15일 정도 말린 후 양조한다. 알코올 도수가 높고, 아몬드, 바닐라 아로마가 난다.

꼬르비나(Corvina),
꼬르비노네(Corvinone),
론디넬라(Rondinella),
몰리나라(Molinara) 등을
같이 블렌딩한다.

- **레치오토(Recioto)와 아마로네(Amarone)** : 레치오토와 아마로네 모두 북부 이탈리아의 베네토에서 생산하는 와인으로 이탈리아 레드와인의 풍부한 풍미와 함께 꼬르비나(Corvina) 품종을 중심으로 양

조한다는 공통점이 있다. 그러나 맛에서 아마로네는 드라이(Dry) 혹은 오프 드라이(Off-dry)의 맛이지만, 레치오토는 더 스위트한 특징이 있다. 특히 베네토 지역에서 포도를 건조시키는 방법을 아파시멘토(Appassimento)라고 하는데, 수확한 포도가 쭈글쭈글해질 때까지 충분히 건조되기를 기다렸다가 양조를 시작하기 때문에 포도의 당분과 과실의 풍미가 훨씬 더 농축되어 있다.

- **파시토(Passito)** : 파시토는 수확한 포도를 그늘에서 2~3개월 정도 건조시킨 후 양조하는 방법으로 '몇 주 동안 말린 포도로 만든 와인'이라는 뜻을 가지고 있다. 또한, 이탈리아는 당도에 따라 세코(Secco, Dry) → 아마빌레(Amabile, Semi dry) → 돌체(Dolce, Sweet) → 파시토(Passito, Very Sweet)의 순으로 표기하는데, 돌체보다 더 단맛이 강한 와인이다.

아마로네방법으로 만든 베네토 레드와인
체사리(CESARI)

파시토방법으로 만든 시칠리아
디저트 와인 벤리에(Ben Ryé)

5) 스위트 스파클링와인(Sweet sparkling wine)

이탈리아는 스위트 스파클링와인 생산의 최강자이다. 우리가 잘 알고 있는 모스카토 다스티와 브라케토 다퀴는 그 중에서도 화이트와 레드의 스위트 스파클링와인의 대명사이다.

- **모스카토 다스티(Moscato d'Asti)** : 피에몬테 아스티 지역에서 샤르마 방법으로 생산되는 스위트 화이트 스파클링와인이다. 와인초보

자를 위한 와인이라고 할 만큼, 달콤하고, 낮은 알코올 도수, 복숭아 향, 흰 꽃향을 우아하게 머금고 있는 와인이다.

- **브라케토 다퀴(Brachetto d'Acqui)** : 피에몬테 아퀴지역에서 자라 는 장미를 떠올리는 스위트 레드 스파클링와인이다. 브라케토 품종 으로 생산되는 브라케토 다퀴는 가볍고, 달콤하고, 딸기향, 장미향 이 풍부한 와인이다. 만약 모스카토 다스티가 지겨워졌다면, 브라케 토 다퀴를 선택해보라.

파울로 사라코 모스카토 다스티
(Paolo Saracco Moscato D'Asti)

아랄디카 브라케토 다퀴
(Araldica Brachetto d'Acqui)

Wine Tasting

CHAPTER 5

Wine Tasting

와인 시음(Wine Tasting)은 와인 음용(Wine Drinking)과 다른 의미이다.

와인 음용은 그저 흘러나오는 음악을 듣는 것처럼 수동적이며, 감각을 즐기는 것이라면 와인 시음은 계획과 의도를 가지고 와인의 특징과 품질을 결정짓기 위해 우리의 모든 감각(시각, 후각, 미각, 촉각, 청각)을 총동원하여 시험을 치루는 것과 같은 의미라고 할 수 있다.

따라서 와인 시음은 와인에 대한 관심과 집중력, 과학적 관찰력, 기억력 등이 필요하다. 그러나 와인 시음에 재능이 없다고 하여 겁먹을 필요는 없다. 일반적인 수준의 감각을 가진 사람이라면 훈련과 학습을 통해 충분히 훌륭한 테이스터(Taster, 시음 전문가)가 될 수 있기 때문이다.

포도밭에서 포도품종이 어떻게 재배되고, 스타일이 다른 와인이 어떻게 양조되는지 학습하였다. 지금부터는 전문가의 입장에서 와인에 집중하면서 시음해보자. 와인 시음을 통해 각각의 와인의 특징을 정리하고, 기억한 뒤 고객에게 추천하거나 설명할 때 매우 유용하게 활용할 수 있다. 또한 와인의 결함도 찾아낼 수 있기 때문이다.

새로운 와인을 마주하고 있다고 가정하고, 모든 감각기관을 깨워 집중해서 테이스팅을 시작해보자.

1. 와인 시음 조건

시음 장소의 가장 중요한 조건은 깨끗하고, 밝고, 냄새가 없어야 한다. 대단한 조건이 필요한 것은 아니지만, 다음의 조건을 갖추면 좀 더 집중하여 시음할 수 있다.

1) 와인 시음을 하는 적당한 시간대는 감각기관을 이용하므로 감각기관이 예민할 때 시음하는 것이 좋다. 오후 시간대보다는 오전 시간대가 훨씬 더 좋다.
2) 시음 장소는 직사광선은 피하고, 충분히 밝은 곳이 좋다. 냄새와 소음이 없어야 하며, 실내온도도 지나치게 높거나 낮으면 별로 좋지 않으므로 약 18℃ 정도가 적당하다.
3) 시음글라스는 ISO인증을 받은 국제규정 시음 글라스가 있다(INAO 글라스). 그러나 만약 INAO 글라스가 없다면 일반적인 와인글라스를 준비해도 무방하다.
4) 와인의 색상을 관찰해야 하므로 흰색종이와 시음노트를 준비하자.

2. 시음와인의 순서

다음은 와인을 시음하는 순서이다. 시음 순서는 시음할 때뿐만 아니라, 와인을 마시거나 즐길 때에도 같은 순서로 즐기면 맛의 변화를 느낄 수 있으므로 참고하기 바란다.

> 기본급 와인 → 고급 와인
> 가벼운 와인 → 묵직한 와인
> 영(young)한 와인 → 오래된(old) 와인
> 드라이와인 → 스위트와인

3. 와인을 시음하기 위한 과정

와인을 테이스팅한다는 것은 모든 감각을 동원한 하나의 연습이라고 볼 수 있다.

테이스팅의 순서는 먼저 색상을 관찰한 후(시각) → 포도품종 및 와인 양조방법에 따라 생성된 향을 맡고(후각) → 마지막으로 전체적인 균형미와 조화를 확인하기 위해 맛을 보는(미각) 순서로 진행된다.

더 세분화하여 자세히 설명하자면, 시각적으로 관찰하고(See), 후각적으로 아로마와 부케를 찾아내고(Smell), 와인잔을 돌리면서 와인과 공기가 닿을 수 있도록 도와주고(Swirling), 와인을 한 모금 맛보면서 시각과 후각에서 느낀 감각을 미각적으로 확인해본다(Sip: 한 모금씩 마시며 음미하기 때문). 마지막으로 한 모금의 와인을 모두 느끼고 평가한 후에 뱉거나 혹은 삼키면(Spilt or Swallow) 한 종류의 와인에 대한 평가가 완료된다.

한 종류의 와인을 시음하고 평가하는 것은 오랜 시간이 걸리지는 않지만, 매우 신중하고 집중해야지만 와인에 대한 객관적인 평가를 할 수 있다.

1) 시각적 관찰 : See

시각적 관찰은 와인 시음의 첫 번째 단계이다. 시각적 관찰을 통해 포도품종의 특징을 파악할 수 있고(까베르네 소비뇽 VS 피노 누아), 와인의 숙성 정도를 예상할 수 있다.

와인이 숙성됨에 따라 색조 및 빛깔이 변하게 되는데, 레드와인은 숙성될수록 와인의 색깔이 탈색되고, 화이트와인은 진해진다. 로제와인은 점점 빛바랜 오렌지로 변한다.

포도품종 및 숙성에 따라 와인의 색상이 다르게 나타난다.

표 5-1 · 와인 종류별 숙성에 따른 색상 변화

	Young Wine -> Old Wine				
레드와인	생생한 자주빛 → 루비색 → 암홍색 → 벽돌색 → 갈색 → 오렌지색				
화이트와인	연한 노란색, 연한 초록색 → 호박색 → 황금색				
로제와인	옅은 핑크 → 붉은 핑크 → 살구색 → 연어색 → 양파껍질색				

2) 후각적 관찰 : Smell

와인 시음의 두 번째 단계인 후각은 포도품종, 떼루아, 양조방법, 빈티지, 보관 장소 등에 따라 다른 향을 나타낸다. 특히 포도품종들마다 특징적인 향(1차향, Swirling 하기 전의 향, 아로마)을 갖고 있다.

포도품종에 따른 특징적인 향은 3장 포도품종 파트의 표 3-2(53p), 표 3-3(66p)을 참고하자.

3) 와인 잔을 돌린다 : Swirling

후각적 관찰과 와인 잔을 돌리는 스월링은 연결된 과정으로 먼저 글라스에 와인을 따른 뒤, 그대로 들어서 향을 맡아본다. 그 다음 잔을 평면에 놓고 돌리면서 공기와 산소가 만날 수 있도록 도와준다. 이 과정이 스월링인데, 스월링 후 훨씬 더 많은 향(2차향, 부케)을 느낄 수 있다.

스월링 후 느껴지는 향은 양조방법에 따라 다르게 느낄 수 있는데, 가장 큰 차이는 숙성할 때 오크통과 스테인리스 중 어떤 탱크에서 사용했느냐에 따라 다른 향이 발생된다.

와인의 발효와 숙성을 하기 위해 오크통이 사용된 것은 수천 년이 되었다. 최근 들어 오크통보다 관리가 수월한 스테인리스스틸 탱크에 와인을 숙성시키면서 나무향 대신 신선한 포도와 과일향의 풍미를 좀 더 강조할 수 있다.

그러나 소비자들이 오크통에서만 나오는 풍부한 나무향, 토스트향, 바닐라향을 더 좋아하게 되자 스테인리스스틸 탱크에서 나무향을 느낄 수 있는 방안을 찾고자 하였다. 그 결과 오크를 조각내어 놓은 오크칩과 심

지어 오크파우더 등을 와인에 첨가하는 방법을 사용하고 있다(좋은 방법
은 아니지만 와인에 영향을 미치는 것은 아니다). 발효가 끝난 와인을 어
떤 오크통(아메리칸 오크 vs 프렌치 오크)에 숙성을 했느냐에 따라 향이
달라지는 것은 양조과성에서 설명하였다.

와인의 향을 맡을 때 한번 집중해서 맡아보시길!

그러나 모든 와인을 오크통에 숙성한다고 해서 반드시 좋은 것은 아니
다. 포도품종과 양조자의 스타일에 따라 오크통에 숙성하기도, 스테인리
스스틸 탱크에 숙성하기도 한다. 오크통에 숙성했을 경우에는 토스트, 바
닐라, 나무향과 같은 향들이 새롭게 생성된다. 스테인리스 스틸 탱크에
숙성했을 경우에는 새롭게 생기는 향은 없지만, 포도품종마다 갖는 고유
의 향을 보존할 수 있는 장점이 있다.

스테인리스스틸 탱크에 나무향을 첨가하기
위해 넣는 오크파우더

스테인리스스틸 탱크에 나무향을 첨가하기
위해 넣는 오크칩

4) 미각적 관찰 : Sipping

시각과 후각적 관찰로 와인에 대한 1차 검증이 끝났다. 그럼 이제 와인
을 맛보면서 시각과 후각에서 느낀 감각을 확인해볼 차례이다.

Taste가 아닌 Sip인 이유는 한 모금씩 마시며 음미해야 하기 때문이다.
즉 입속의 와인을 곧바로 삼키지 말고, 입안에서 씹고, 입안 전체에 가글

하는 것처럼 굴려보고 입속의 구석구석에 모두 와인이 닿을 수 있도록 맛보는 것이다. 또한 휘파람을 불듯이 입술을 오므리고 공기를 호흡해 향을 느껴보면 시각+후각+미각의 결정체를 경험할 수 있을 것이다.

① 기본 미감 : 단맛, 신맛, 쓴맛, 짠맛, 감칠맛이 맛의 기본 미감이다. 이러한 기본 미감은 개인별로 차이가 있는데, 개인마다 혀의 구조와 맛을 느끼는 미각돌기의 예민함이 다르기 때문이다. 보통 사람들은 일반적으로 약 1만개의 미뢰가 있는데, 어떤 사람은 2만개, 어떤 사람은 거의 없는 경우도 있다. 그러나 기본 미감은 후각과 함께 충분한 연습과 훈련을 통해 발달시킬 수 있다.

② 와인의 구조감

와인을 시음할 때 가장 표현하기 어렵고 수많은 연습이 필요한 부분이다. 레드와인의 경우 양조과정 시 침용을 어떻게 실시했는가에 따라 와인의 재질감과 구조감이 달라지기 때문이다.

이때 중요한 것이 바로 바디감(Body)이다. 바디는 입안에서 느껴지는 액체의 무게감을 말한다. 알코올이 높고, 타닌이 풍부하며, 당도가 높은 와인을 시음을 했을 때 바디감이 무겁게 느껴진다. 바디감은 가볍다 혹은 무겁다 등으로 표현할 수 있다.

물 → 우유 → 요거트의 순서대로 무게감을 상상해보라.

light 〈 medium light〈 medium 〈 full과 같은 순서와 용어로 표현한다.

그러나 바디감이 무겁다고 해서 반드시 좋은 와인은 아니니 오해하지 말기를.

와인의 풍미는 오래 지속될수록 '여운(Finish)이 길다(length)'로 표현하는데, Finish가 길다 혹은 짧다로 표현한다. 프랑스어로는 꼬달리(caudalie)라고 하며 여운이 길게 남는 와인이야말로 훌륭한 와인이라고 할 수 있다.

③ 와인의 균형감

그러나 무엇보다 중요한 것은 화이트와인, 레드와인 모두 균형과 조화를 이루어야 한다는 것이다.

레드와인과 화이트와인의 가장 큰 차이점은 타닌의 유무이다.

화이트와인은 단맛(당도)과 신맛(산도)의 조화가 중요하고, 레드와인
은 신맛(산도), 단맛(당도), 쓴맛(타닌)이 마치 정삼각형처럼 균형적으로
조화를 이루어야 훌륭한 와인이라고 할 수 있다. 화이트와인과 레드와인
의 중요한 점은 모두 조화를 이루는 조건들이 어느 하나 튀지 않고, 적절
한 균형을 유지해야 한다는 것이며, 정삼각형의 크기는 모두 다를 수 있
는데, 크기는 바로 '바디감'으로 인해 형성된다.

5) 뱉거나 삼킨다 : Split or Swallow

와인을 시음하고, 입속에서 와인을 모두 느끼고 평가한 후에는 뱉든지,
삼키든지 둘 중 하나를 선택해야 한다. 한 종류의 와인만 시음할 때는 삼
켜도 문제가 없겠지만, 수 종류의 와인을 시음할 때는 시음하는 모든 와
인을 삼킬 수는 없다. 또한 와인을 매번 삼킨다고 하여 평가할 수 있는 것
은 아니기에 상황에 따라 적절히 판단하면 된다.

테이스팅은 다양한 장소에서
이루어질 수 있다. 품평회처럼 딱딱한
분위기에서 진행될 때도 있고,
와이너리의 까브(Cave, 지하셀러)에서
진행될 때도 있으며, 포도밭
한가운데서 진행되기도 한다. 상황에
따라 신중하고 즐겁게 테이스팅하는
것이 중요하다.

4. 시음용어

와인을 시음하면, 적절한 시음용어로 표현해야지만 와인에 대한 느낌을 전달할 수 있다. 와인 시음과 관련된 용어는 정해져 있는 것은 아니기 때문에 각자가 느끼는 대로 표현해도 된다. 그러나 가장 많이 사용하는 용어만 잘 숙지하고 있더라도 와인에 대한 이해가 더 빠르고 정확하게 될 것이다.

표 5-2 · 유용한 시음용어

Acetic(신)	Fresh(프레시)	RIch(감칠맛이 나는)
Aromatic(아로마가 풍부한)	Full(향이 무겁고 진한)	Ripe(농익은)
Buttery(버터향이 풍부한)	Grassy(풀냄새)	Rounded(향이 조화로운)
Balanced(균형잡힌)	Jammy(잼 같은)	Spicy(향긋한 또는 매콤한)
Chewy(씹히는 듯한)	Light(라이트한)	Structured(맛이 짜여진)
Complex(복합적인)	Minerally(미네랄 냄새가 나는)	Toasty(토스트 냄새가 나는)
Crisp(상쾌한, 바삭바삭할 정도로 신맛이 남)	Meaty(육즙의)	Body(바디)
Dusty(먼지와 같은 흙냄새)	Oaky(오크향을 풍기는)	Vanilla(바닐라)
Earthy(흙냄새가 나는, 마른 흙에 비가 내릴 때 나는 냄새)	Petrolly(휘발유 냄새가 나는)	Nutty(견과)
Dry(드라이하다, 단맛이 없다)	Powerful(향이 강렬한)	Finish(여운)

5. 와인의 결점

예전보다 포도재배 환경 및 양조기술의 발달로 결점이 있는 와인들이 점차 줄어들고 있는 추세이다. 그러나 다음은 주요 결점들로 혹시 와인을 오픈했는데 다음과 같은 현상의 와인들이라면, 교환 및 환불을 요청할 수 있다.

1) 산화(Oxidation)

가장 흔하게 접하는 결점은 산화현상이다. 적절한 산소와의 접촉은 숙성을 촉진하며 와인을 좋게 하는데 작용하지만, 과도한 접촉은 '산화'라는 결점이 나타난다. 산화된 와인들은 신선함을 잃고, 밋밋하며 마치 김빠진 맥주를 마시는 것처럼 한물 간 듯한 냄새가 난다.

2) 황화수소(H₂S)

효모가 증식하기 위해서는 질소(N)가 필요한데, 질소가 포도즙(Must, 머스트)에 부족하면, 효모는 질소를 보충하기 위해 황화수소를 포함한 아미노산을 질소 보급원으로 분해하려고 한다. 이 과정에서 황화물질이 발생하여 환원되면, 황화수소로 변한다. 이것을 더 방치하면 와인 중의 에틸알코올 분자와 결합해서 메르캅탄(Mercaptans)이 된다.

황화수소는 썩은 달걀이나 가스 같은 냄새를 풍기나, 대부분은 공기에 접촉시티는 것으로 해소되므로 랙킹을 자주 실시하게 되면 예방할 수 있다.

사진의 두 와인은 같은 와인이다. 보관상의 문제로 산화되어 색깔이 다름을 한눈에 확인할 수 있다. 그러나 와인을 오픈하기 전까지 병에 든 와인이 문제가 있는지, 없는지 확인이 되지 않는다는 것이 와인의 함정이다. (좌)산화된 샤르도네, (우)정상 샤르도네

77p. 참고

3) 코르키(Corky)

코르키드 와인은 와인 병마개로 사용된 코르크 마개가 TCA (Trichloroanisole, 트리클로로아니솔)라는 유기화합물로 인해 오염되어 병 속의 와인에 영향을 미치게 된다. TCA에 오염된 와인은 곰팡이냄새, 젖은 마분지 등의 기분 나쁜 향이 나게 된다(불어; Bouchonne, 부쇼네).

그렇다고 해서 코르키드 와인을 예방할 수 있는 방법은 없다. 다만 와인병 마개를 코르크 외의 다른 마개로 사용해야 한다. 그 결과 스크류캡 등의 마개가 개발되어 현재 수많은 와인메이커들이 코르크에서 스크류캡으로 바꾸고 있다.

와인도 액체라 보관온도가 맞지 않으며, 내용물인 와인이 끓어 넘칠 수 있다. 만약 캡슐을 제거했는데, 사진과 같이 와인이 흘러넘친 흔적이 있다면, 와인의 상태는 정상이라고 볼 수 없다.

캡슐을 제거했는데, 코르크 위에 곰팡이가 보인다면 어떻게 해야 할까? 캡슐에는 바늘구멍 크기 만한 구멍이 2개 뚫어져 있다. 이는 구멍으로 산소가 들어가 코르크가 숨을 쉴 수 있도록 도와주는 역할로 보관이 잘 된 와인의 경우 캡슐 위에 곰팡이가 피는 경우가 있다.

곰팡이는 온도 15℃, 습도 75%에서 발생하게 되는데, 와인 보관온도와 거의 비슷하기 때문에 좋은 환경에서 와인이 보관되었다는 증거인 것이다. 그러나 뭔가 미심쩍다면, 신중하게 테이스팅하고, 만약 와인에 이상이 있다면, 교환 혹은 환불을 요청한다.

6. 디켄팅(Decanting)

디켄팅(Decanting)이란, 와인을 디켄터(Decanter)라는 다른 용기에 옮겨 담는 과정을 말한다.

디켄팅을 처음 실시했던 이유는 장기간 숙성된 포트와인에 침전물이 생겨, 침전물을 걸러내기 위한 용도로 사용되었다. 그러나 요즘은 오래된 와인뿐만이 아니라 숙성이 덜 된 영한 스타일의 와인을 부드럽게 하기 위해 실시하기도 한다. 따라서 디켄팅의 목적에 따라 디켄터의 형태도 다른 것을 사용해야 한다.

1) 오래된 와인의 침전물 제거를 위해 실시한다. 오래된 와인의 경우 와인을 디켄팅하는 동시에 타닌이 너무 부드러워지기 때문에 되도록 산소와 만나는 면적이 작은 디켄터에 해야 한다.
2) 숙성이 덜 된 영(young)한 와인의 환기(aeration)를 위한 목적이기 때문에 산소와 만나는 면적을 최대한으로 할 수 있는 디켄터를 사용하여 와인을 부드럽게 해야 한다.

만약 디켄터가 너무 거추장스럽고 번거롭다면, 최근에 쉽고 간편하게 디켄팅할 수 있는 와인 에어레이터(Wine Aerater)라는 도구를 사용하면 된다.

디켄터의 종류

①번 오래된 와인 디켄팅하는 디켄터
②번 영(young)한 와인 디켄팅하는 디켄터

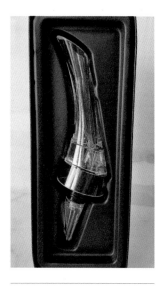

에어레이터를 사용하는 방법은 와인 병목에 끼우고, 글라스에 와인을 따르면
디켄팅을 한 것과 같은 효과를 느낄 수 있다.

에어레이터(Aerater)
디켄터가 없을 때, 간편하게
브리딩(Breeding)을 할 수 있는
도구로 디켄터의 역할을 해준다.

세디멘트(Sediment) 오랜 기간 숙성을 한 와인의 경우, 침전물이
생긴다. 이러한 침전물은 주석산염이 뭉쳐서 보이는 것이며, 세디멘트 혹은
크리스탈이라고 한다. 크리스탈이라고 불리는 이유는 주석산염이 더 오랜 세월을
맞이하면, 반짝이는 유리알갱이같이 보이기 때문이다. 세디멘트는 먹어도 전혀
인체에 무해하며, 다만 씁쓸한 맛이 날 뿐이다. 어느 날, 와인에 세디멘트가
보인다면, 와인이 잘 숙성되었다고 생각하면 된다.

7. 시음노트

와인에 대한 표현은 수많은 연습이 필요한 과정이다. 또한 머릿속에 기억해두고, 필요할 때마다 어떤 와인이었는지, 어떤 음식과 어울렸는지, 특징이 무엇인지 기억을 되살려야 한다. 그러나 바쁜 일상에서 매번 기억해내기란 쉽지 않다. 따라서 시음노트를 반드시 작성하라고 말한다.

표 5-3 · 시음노트

테이스팅 날짜 :		테이스팅 장소 :
종 류 :	와인 생산국가 :	와인 생산지역 :
와인명 및 생산자 :		품질등급 :
빈티지 :		알코올 :
포도품종 :		가격 :

외관 Appearance

투명도 : 매우 투명한 / 투명한 / 중간 / 탁한 / 불순물이 보이는 / 침전물

농도(Intensity) : 묽은 / 엷은 / 보통 / 진한 / 묵직한

점성도(Viscosity) : 가볍고 낮은 / 가벼운 / 보통 / 진한 / 매우 높음

색상(Color)

레드와인 : Red/ Purple / Garnet / Brick red / Ruby / Brown

화이트와인 : Pale yellow / Green tinge / Green / Straw / Gold / Amber

향 Aroma & Bouquet

과일류
감귤류 : 레몬 / 포도 / 오렌지 / 귤
열대과일류 : 바나나 / 멜론 / 파인애플 / 망고
과실류 : 사과 / 배 / 모과 / 복숭아
기타과일 : 딸기 / 체리 / 건포도 / 건자두 / 블랙베리 / 블랙커런트 / 레드커런트 / 레드체리

꽃
장미 / 아카시아 / 국화 / 자스민 / 라일락 / 바이올렛 / 카네이션 / 아이리스 / 찔레꽃

견과류
아몬드 / 헤이즐넛 / 호두 / 피스타치오

허브 & 야채
계피 / 건초 / 담배 / 버섯 / 후추 / 바질 / 잔디 / 생강 / 페퍼민트 / 피망
완두콩 / 올리브 / 버섯

기타
흙냄새 / 가죽 / 사향 / 삼목향 / 캬라멜 / 자갈 / 먼지 / 연필심 / 석유 / 미네랄 / 곰팡이

맛 Taste & Flavor

산 도 : 낮은 – 부드러운 – 적당한 – 높은 – 강한

당 도 : dry – off dry – medium dry – medium sweet – sweet

알코올: 낮은 – 부드러운 – 적당한 – 높은 – 강한

타 닌 : 약한 – 부드러운 – 적당한 – 견고한 – 강한

바 디 : Light – M. light – Medium – M. full– Full

균 형 : 불균형 – 그런대로 – 괜찮은 – 좋은 – 훌륭한

구 조 : 단순한 – 가벼운 – 짜여진 – 다듬어진 – 농밀한

여 운 : Short(3초 이내) – Acceptable(5~10초) – Extended(10~15초) – Lingering(15~20초)

총평 & 어울리는 음식

CHAPTER 6

구세계국가 와인 –
프랑스

CHAPTER 6

구세계국가 와인 – 프랑스

지금까지 포도, 양조과정, 시음방법으로 '포도'에 대한 여행이었다면, 지금부터는 와인생산국에 대한 와인여행을 시작해보자.

각 국마다 와인의 규정이 있으며, 규정의 내용들을 와인레이블에 표기하고 있다. 표기한 내용만 잘 해석해도 어떤 와인인지 쉽게 구분할 수 있으며, 와인 스타일도 해석할 수 있게 된다.

따라서 프랑스와인에 대한 학습을 시작하기 전에, 프랑스 와인규정에 대해 먼저 이해한 뒤 와인의 특징에 대해 알아보도록 하자.

와인규정은 와인등급까지 연결되지만, 와인등급이 와인의 모든 것을 결정하지는 않는다. 빈티지, 와인메이커의 노력 등에 의해 등급이 좋은 와인이라 하더라도, 가격이나 맛에서 실망을 안겨줄 수도 있기 때문이다. 그러나 규정이 까다로우면 까다로울수록 품질 좋은 와인이 탄생되는 것은 당연한 이치이기 때문에, 와인규정 및 등급에 대해 알고 있는 것이 좋다.

프랑스와인이 명성을 얻고 유지하는 비결은 바로 등급 제도이다. 1855년에 개최된 파리 만국박람회를 계기로 등급제를 도입하였고, 보르도에서 처음으로 등급(Level)을 정리하기 시작하였다. 등급제도는 프랑스의 와인 품질을 관리하기 위함과, 소비자들이 와인을 선택할 때 일종의 가이드라인을 제시하는 것으로 이해하면 된다.

등급제 이후부터 품질에 대한 엄격한 규정과 관리가 유지되고 있는데, 1935년 아뻴라시옹 도리진 콩트롤레(Appellation d'Origine Contrôlée; AOC, 원산지명칭 통제관리)라는 규정에 의해 까다롭게 규제를 하고 있다. 1963년 유럽와인 통제 체제에 흡수되어 규정을 재정비하였다. 프랑스 AOC제도는 환경적인 변화와 프랑스와인의 명성을 유지하기 위한 질적 향상을 위해 2009년 EU 신제도 변경에 따라 새롭게 정비되었다.

AOC규정에 따르면 크게 퀄리티 와인(Quality Wine)과 테이블 와인(Table Wine)으로 구분할 수 있다.

퀄리티 와인은 원산지 명칭을 관리 받는 AOC와 VDQS(Vins Délimité de Qulite Superieure; 뱅 델리미떼 드 깔리떼 수뻬리에)가 있다. VDQS에 속해있는 와인들은 AOC로 승급되기 전, 와인이 거쳐 가는 등급으로 AOC의 조건들과 거의 비슷하였다. 그러나 VDQS는 소수의 카테고리이며 프랑스와인 생산량 전체의 1% 미만으로 차지하고 있어, 2009년 EU의 신규규정에서는 VDQS는 삭제되고, 기존의 VDQS에 해당되는 와인들은 IGP 혹은 AOP로 변경되었다.

테이블 와인은 일반적으로 소비되는 와인으로 뱅드 따블(Vin de Table)과 뱅드 페이(Vin de Pays)로 구분된다. 뱅드 따블은 프랑스와인 전체 생산량의 약 35%를 차지하고 있으며, 프랑스 어디에서든지 생산될 수 있고 포도품종에 대한 제약도 없다. 따라서 뱅드 따블은 레이블에 화이트 와인인지, 레드와인인지만 표시한다.

뱅드 페이 와인은 프랑스와인 전체 생산량의 약 20%를 차지하며, 주로 남프랑스 지역에서 많이 생산되고 있다. Pay의 뜻이 프랑스어로 '지역, 나라'라는 뜻으로 프랑스와인이 어떤 특징을 보여줄 수 있는지 느낄 수 있는 와인이라고 생각하면 되겠다. 뱅드 페이는 지역, 포도품종, 수확량, 분석적 표준치에 대한 규제를 받고 있다.

표 6-1 · 프랑스와인 규정에 대한 구분

주요 양조과정	규제내용 및 레이블 표기	와인 스타일
AOC (Appellation d'Origine Contrôlée)	– 생산지역, 포도품종, 포도재배방법, 1헥타르당 최대 수확량, 양조법 및 숙성방법, 최저 알코올 도수 – 원산지 표기	퀄리티 와인 (Quality Wine)
VDQS (Vins de Qulite Su- perieure)		
VdP Vin de Pays)	– 지역, 포도품종, 수확량, 분석적 표준치 – 대지명만 표기가능	테이블 와인 (Table Wine)
VdT (Vin de Table)	– 규제 따로 없음 – 와인색상만 표기	

2009년 EU의 신규정에 따르면, AOC → AOP로 변경되어 AOP가 최상위 등급이 되었다. AOP의 P는 'Protégée'의 약자로 원산지 통제에서 원산지 보호의 의미로 변화된 것을 확인할 수 있다.

VDQS는 삭제되고, 기존의 VDQS에 해당되는 와인들은 IGP 혹은 AOP로 변경된다.

Vin de Pays는 IGP로 변경되고, Vin de Table은 주로 SIG로 변경된다.

표 6-2 · EU 신규규정

주요 양조과정	규제내용 및 레이블 표기
원산지 명칭 보호와인	AOP; Appellation Origine Protégée
지리적 표시 보호와인	IGP; Indication Géographique Protégée
지리적 표시 없는 와인	SIG; L'Etiquetage des Vins Sans Indication Géographique

샤또(Château)란 무엇인가? 도멘(Domaine)이란 무엇인가?

샤또의 어원은 라틴어인 카스툼(castrum)에서 나온 말로 마을을 둘러싼 성곽을 의미한다. 프랑스 법에 '샤또'란 소유지에 와인의 양조시설과 저장시설까지 갖춘 일정 면적의 포도원에 딸린 집으로 와이너리라고 생각하면 된다. 만약 양조시설 및 저장시설 등 이런 기준에 미치지 못하면, 그곳에서 생산된 와인은 샤또 와인으로 불릴 수 없다. 따라서 와인병에 샤또명이 표기되어 있다며, 프랑스 법의 규정에 따라 그 샤또는 실제로 존재하고, 와인양조자의 소유인 것이다.

도멘은 "소유", "땅"이라는 개념으로 주로 부르고뉴에서 사용하는 용어이다.
포도밭을 소유하고 포도재배에서부터 와인을 생산하기 위한 양조시설까지 갖춘 곳을 의미하며 보르도의 "샤또"와 같은 뜻이다.
끌로(Clos)라는 표현을 와이너리에서 사용하는 경우도 볼 수 있다. 와인을 양조하던 수도원에서 자신의 포도밭 구획을 표시하기 위해 담을 치면서 사용한 용어이다. 즉, 담을 두른 포도밭이란 뜻이다.

프랑스의 대표 생산지역은 다음의 〈표 6-3〉과 같다.

표 6-3 · 프랑스 생산지역별 와인 특징

생산지역	와인 특징
보르도 (Bordeaux)	뛰어난 자연조건으로 인해 훌륭한 명품와인이 많이 생산되는 곳이다. 주로 레드와인이 유명하다.
부르고뉴 (Bourgogne)	황제의 와인이라 불리며, 세계적으로 비싼 와인이 생산되는 곳이다. 레드와 화이트와인 모두 유명하다. 영어로는 버건디(Burgundy)라고 한다.
론 (Rhône)	북부론과 남부론 두 지역으로 나뉘며, 묵직한 스타일의 레드와인이 유명하다.
샹파뉴 (Champagne)	세계 최고의 스파클링와인으로 유명한 곳이다. 샴페인이라는 명칭을 보호하기 위해 샹파뉴 지역에서 생산된 스파클링와인만 샴페인이라고 지칭할 수 있다.
알자스 (Alsace)	독일과 경계 지역에 있는 곳으로 화이트와인이 유명하다. 또한 독일과 와인 스타일이 매우 흡사하다.
루아르 (Loire)	960km에 달하는 루아르강을 따라 화이트와인을 중심으로 생산되지만, 레드는 물론 로제, 스파클링 등 다양한 와인이 생산되고 있다.

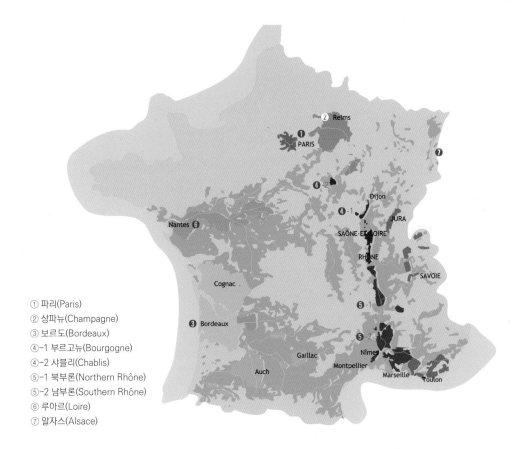

① 파리(Paris)
② 샹파뉴(Champagne)
③ 보르도(Bordeaux)
④-1 부르고뉴(Bourgogne)
④-2 샤블리(Chablis)
⑤-1 북부론(Northern Rhône)
⑤-2 남부론(Southern Rhône)
⑥ 루아르(Loire)
⑦ 알자스(Alsace)

1. 찬란한 유산 보르도

보르도는 3세기경부터 포도를 경작해오면서, 오래된 역사를 가지고 있는 것은 아니지만 명품와인의 최대 생산지이자, 가장 최고의 포도밭이라고 인정받는 곳이다.

보르도는 멕시코 만류와 대서양의 온난한 기후, 유럽에서 가장 높은 모래 언덕, 랑드 지역의 거대한 숲이 선사하는 떼루아 덕분에 최고의 와인으로 보답하고 있다. 세 개의 강과 바람, 일조량이 뒷받침되면서 보르도 와인은 전 세계적으로 사랑받고 있다.

보르도는 두 번의 발전 계기를 통해 와인 유통과 품질 면에서 급부상을 하게 된다.

첫 번째 발전 계기는 프랑스 공주와 영국 왕자의 결혼이다. 중세시대에는 프랑스 서부지역(현재 보르도)을 아뀌뗀(Aquitaine)으로 불렀는데, 1154년에 아뀌뗀 공주와 영국 왕자가 결혼을 하면서 300년 동안 영국과 많은 양의 와인을 교류하게 되어 와인 생산량도 역시 급증하는 변화를 가져왔다. 보르도에서 생산하는 만큼 영국에서 모두 소비되면서, 보르도 와인 생산량도 급증하게 되었다. 이때 보르도에서 생산하는 와인은 클라레(Clairet)이라는 이름으로 영국으로 수출되었다.

두 번째 발전 계기는 1789년 일어난 프랑스 대혁명이 마무리되면서, 프랑스 산업의 현주소를 파악하기 위해 1855년 파리 만국박람회를 개최하였다. 이때, 많은 와인을 취급하고 평가하기 위해 등급 분류가 필요했고, 수 세기에 걸친 평판과 가격을 토대로 61개의 '그랑 크뤼 클라세(Grand Cru Classè)'를 선정하였다. 이를 계기로 보르도에서 처음으로 와인의 등급을 분류하기 시작했으며, 등급제를 시행하면서 샤또(Château)들이 와인 생산에 대한 자부심과 좋은 등급에 들어가기 위한 끊임없는 노력을 시도한 시기라고 할 수 있다.

그러나 프랑스와 영국 간의 백년전쟁(1337~1453년)을 시작으로 영국은 보르도 와인이 아닌 스페인과 포르투갈의 와인 수입에 눈을 돌리

기 시작했다(주정강화 와인의 탄생과 연관이 있다). 백년전쟁으로 영국이라는 가장 큰 고객을 잃기도 했지만 대신 영국 이외 다른 유럽국가에 수출길이 열리게 되었다(독일, 노르웨이, 스웨덴, 북유럽 등). 보르도 와인의 자부심은 바로 품질 좋은 와인을 생산한다는 데에 있다.

클라레(Clairet)는 로제와인과 레드와인의 중간 정도라고 할 수 있다. 보르도에서 생산하는 클라레는 로제와인보다 침용 시간을 길게 하여 양조하는 것이 특징이다.

1) 보르도의 지리적 및 토양 특징

① 지리적 특징

보르도에는 지롱드강(Gironde), 갸론강(Garonne), 도르돈뉴강(Dordogne)으로 3개의 강이 있다. 갸론강과 도르돈뉴강이 합해져 지롱드강이 되며 대서양으로 연결된다. 보르도가 프랑스와인의 찬란한 유산인 이유는 강이 있음으로 해서 풍부한 수자원의 혜택을 받으며 명품와인이 만들어질 수 있는 자연적 혜택을 누리고 있기 때문이다.

보르도의 와인 생산지역은 지롱드강을 중심으로 좌안(Left Bank)과 우안(Right Bank)으로 구분된다.

좌안은 갸론강과 연결되는 지롱드의 좌측에 위치한 곳으로 메독(Médoc), 그라브(Grave), 소떼른(Sauternes)이 해당된다. 특히, 소떼른은 귀부현상이 잘 일어나는 지역이며, 보트리티스에 감염된 포도로 세계 최고의 스위트와인을 생산하는 지역이다.

우안은 도르돈뉴강과 연결되는 지롱드의 우측에 위치한 곳으로 생떼밀리옹(Saint-Émilion)과 프롱싹(Fronsac), 블라이(Blaye)가 해당된다.

갸론강과 도르돈뉴강 사이에 엉트르 드 메르(Entre-Deux-Mers)라는 지역이 있는데, '강과 강 사이'라는 의미이다.

② 토양의 특징

보르도의 토양은 세 가지로 구분할 수 있다. 섬세하고 균형과 바디가 있는 와인을 생산하는 자갈토양, 무게감과 풍미가 있는 와인을 만드는 두꺼운 점토질(진흙질), 그리고 가벼운 와인을 생산해 내는 석회질 토양이다.

보르도 좌안인 메독과 그라브는 자갈이 풍부한 지역으로 배수가 잘되는 특징이 있으며, 우안에 해당되는 생떼밀리옹, 뽀므롤은 점토질이 풍부한 토양이 특징이다.

표 6-4 · 보르도 지역의 구분 및 토양의 종류

구분	지역명	주요 토양의 종류
좌안	메독, 그라브, 소떼른	자갈
우안	생떼밀리옹, 뽀므롤, 프롱싹, 블라이	점토질, 석회질

2) 보르도의 재배 포도품종

보르도는 좌안과 우안의 토양이 다르기 때문에 좌안의 메독, 그라브 등에서는 까베르네 소비뇽을 중심으로 재배하며, 우안의 생떼밀리옹, 뽀므롤에서는 메를로가 중심으로 재배된다.

또한 와인양조는 거의 예외 없이 여러 가지 포도품종을 블렌딩하여 만들고 있다.

대표적으로 재배되고 있는 레드와인과 화이트와인 품종은 다음과 같으며, 3장 포도품종 부분의 설명을 참고하도록 하자.

① 까베르네 소비뇽(Cabernet Sauvignon) : 풍부한 타닌감의 역할을 담당하고 있다.

② 메를로(Merlot) : 부드러운 타닌, 체리의 풍미를 준다.

③ 쁘띠 베르도(Petit Verdot) : 메독에서만 재배되고 사용되는 품종으로 와인의 골격(Structure)을 형성하는 데 매우 중요한 역할을 하고 있다.

④ 소비뇽 블랑(Sauvinon Blanc) : 세미용과 블렌딩하여 조화를 이룬다.

⑤ 세미용(Semillon) : 보트리티스 시네리아에 잘 감염된다.

⑥ 뮈스까델(Muscadelle) : 뮈스카(Muscat) 품종과는 전혀 관련이 없는 품종이지만, 발음 때문에 종종 같은 품종으로 오해를 받는 품종이다. 소떼른 지역에서 주로 재배되며, 세미용과 소비뇽 블랑에 보완적 역할을 하여 스위트한 와인으로 만들 때 사용된다. 보르도의 엉트르 드 메르지역에서는 소떼른에서의 역할과 달리, 뮈스카델을 블렌딩하여 드라이한 화이트와인을 만들고 있다.

3) 보르도의 와인 생산지역

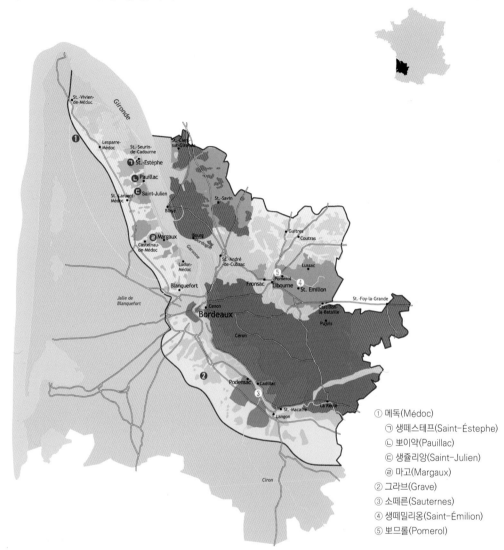

① 메독(Médoc)
  ㉠ 생떼스테프(Saint-Éstephe)
  ㉡ 뽀이약(Pauillac)
  ㉢ 생쥘리앙(Saint-Julien)
  ㉣ 마고(Margaux)
② 그라브(Grave)
③ 소떼른(Sauternes)
④ 생떼밀리옹(Saint-Émilion)
⑤ 뽀므롤(Pomerol)

① 메독(Médoc)

보르도에서 가장 중요한 와인 산지로서 명품와인과 귀족 AOC들이 몰려있는 곳이다.

AOC에서는 북부 메독을 Bas-Médoc(바-메독), 남부 메독을 Haut-Médoc(오-메독)이라고 구분하고 있다. 오-메독에는 더 작은 마을 단위로 다음의 6개의 AOC가 있다.

표 6-5 · 메독 마을의 와인 특징

마을이름	와인 특징
Saint-Éstephe (생떼스테프 AOC)	- 강한 풀바디 와인으로 약간 거친 느낌도 있지만, 오래 숙성되면 부드러워지며 복합미를 갖춘 와인 생산
Pauillac (뽀이약 AOC)	- 진한 암홍색으로 구조가 견고하며 균형 잡힌 바디감이 특징 - 그랑크뤼 와인의 보물창고(1등급에 속한 샤또가 3개나 있음)
Saint-Julien (생쥴리앙 AOC)	- 뽀이약의 농축미와 마고의 섬세함을 가지고 있는 조화로운 와인 - 매년 일관된 품질을 보여줌
Listrac-Médoc (리스트락 메독 AOC)	- 점토와 석회석의 무거운 토양으로 밀도가 높음 - 강직한 흙냄새와 검은 과일향이 풍부
Moulis (뮬리스 AOC)	- 다양한 토양이 섞여 있어, 위치에 따라 와인의 성격이 다름
Margaux (마고 AOC)	- 부드럽고 온화한 비단결 같은 여성적 매력이 돋보이는 와인

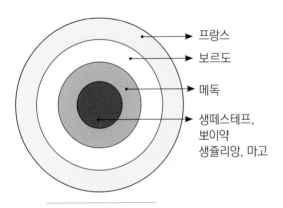

프랑스
보르도
메독
생떼스테프,
뽀이약
생쥴리앙, 마고

와인이 표시될 때 중심부에
가까운 지역일수록
퀄리티가 높은 와인이며,
가격도 비싸다.

② 그라브(Grave)

700년의 역사를 가지고 있으며 레드와인의 비단결 같은 부드러움은 중세시대부터 유명하였다.

그라브 지역의 토양은 매우 다양하지만, 공통적인 특징은 굵은 자갈 성분이 많다는 것이다.

보르도시 인근의 뻬삭 레오냥(Pessac—Leognan AOC)은 최근 탄생한 AOC로 그라브 북부 마을의 고급 포도원들이 자리하고 있다.

③ 소떼른(Sauternes)

갸론강과 시롱(Ciron) 천이 만나 형성되는 강변의 특이한 국소기후 덕분에 귀부현상이 잘 일어나며, 세계 최고의 스위트와인을 생산하는 곳이다.

소떼른 AOC가 가장 유명하며, 초기의 신선한 꽃향기와 열대 과일향이 숙성되면서 진하고 풍부한 아카시아, 오렌지, 꿀향기로 변하면서 오크향, 견과류향, 특유의 보트리티스향이 주는 복합미가 뛰어나다. 이밖에 바르삭(Barsac), 세롱스(Cerons) 등의 스위트와인 AOC가 있다.

④ **생떼밀리옹**(Saint-Émilion)

생떼밀리옹은 세계문화유산에 등록된 지역으로 오랜 역사를 자랑하며, 매우 아름다운 도시이다. 메를로 품종을 주종으로 하여 석회 점토질 토양에서 부드럽고 유연한 레드와인을 생산하고 있다. 생떼밀리옹 지역에도 등급이 있는데, 메독 등급과는 달리 10년마다 재평가를 받기 때문에 샤또들이 품질을 유지하기 위한 노력이 돋보이는 곳이다.

⑤ **뽀므롤**(Pomerol)

생떼밀리옹의 서쪽에 위치한 지역으로 보르도에서도 가장 작은 지역이다. 자갈과 진흙이 적당히 섞여 메를로 품종이 특별한 자기표현을 연출하며, 강하면서도 타닌이 부드러운 와인을 생산하고 있다.

4) 보르도 지역 와인의 등급체계

보르도는 그랑 크뤼(Grand Cru), 프리미에 크뤼(Premier Cru) 등 프랑스와인 규정 AOC에 따라 레이블에 표기하고 있다. 간혹 그랑뱅(Grand Vin)이라고 표기되어 있는 경우를 볼 수 있는데, 이는 등급이 아닌 '좋은 와인'이라는 뜻으로 해석하면 된다.

① **메독**(Médoc)

항구도시인 보르도는 지리적 특징으로 와인 수출을 위해 일찍부터 등급제를 시행하였고, 보르도 중에서도 메독은 다른 지역들보다 무려 150년이나 먼저 등급제를 적용하였다.

1855년 파리 만국박람회를 기준으로 AOC에 포함된 샤또들 중에서도 최상급 와인만 골라 1등급부터 5등급까지 총 61개의 샤또에 등급을 부여하였다. 이러한 메독의 등급체계를 그랑 크뤼 클라쎄(Grand Cru Classé)라고 하며, 레이블에 표기할 때에는 가장 최고의 1등급 와인(5개의 샤또)은 프리미에 크뤼(Premier Cru = 1er Cru)라고 표기하며, 2등급부터 5등

급까지 와인은 그랑 크뤼 클라쎄라고만
표기한다.

　1855년 등급이 정해진 이래로, 1973
년 단 한 번의 조정 외에는 등급의 변화
는 없었다. 1855년 무통 로칠드가 2등급
이었으나, 끊임없이 2등급에 대한 이의
를 제기한 끝에 1973년 1등급으로 조정
된 것이다.

　샤또 오 브리옹(Château Haut-Brion)
의 경우 1855년에는 메독과 그라브가 따

1973년 무통로칠드가 1등급이
되었다는 증명서

로 구분되어 있지 않았기 때문에 메독지역 등급에 포함되었으나, 현재까
지 메독 AOC에 포함하고 있다.

표 6-6 · 메독 지역 61개 AOC 등급

등급	샤또 이름	AOC
1등급 프리미에 크뤼 Premier Crus (5개)	샤또 라피트 로칠드 Château Lafite-Rothschild	뽀이약
	샤또 라투르 Château Latour	뽀이약
	샤또 마고 Château Margaux	마고
	샤또 오 브리옹 Château Haut-Brion	페삭 레오냥(그라브)
	샤또 무통 로칠드 Château Mouton-Rothschild	뽀이약
2등급 되지엠 크뤼 Deuxièmes Crus(14개)	샤또 로장 세글라 Château Rausan-Ségla	마고
	샤또 로장 가시 Château Rausan Gassies	마고
	샤또 레오빌 라스 카스 Château Léoville-Las-Cases	생쥘리앙
	샤또 레오빌 푸아페레 Château Léoville-Poyferré	생쥘리앙
	샤또 레오빌 바르통 Château Léoville-Barton	생쥘리앙
	샤또 뒤르포르 비방 Château Durfort-Vivens	마고
	샤또 라공브 Château Lascombes	마고
	샤또 그뤼오 라로즈 Château Gruaud-Larose	생쥘리잉
	샤또 브랑 깡트낙 Château Brane-Cantenac	마고
	샤또 피숑 롱그빌 바롱 Château Pichon-Longue-ville-Baron	뽀이약
	샤또 피숑 롱그빌 랄랑드 Château Pichon-Longue-ville-Lalande	뽀이약
	샤또 뒤크뤼 보카이유 Château Ducru-Beaucaillou	생쥘리앙
	샤또 코스 데스투르넬 Château Cos d'Estournel	생테스테프
	샤또 몽로즈 Château Montrose	생테스테프

3등급 트르와지엠 크뤼 Troisèmes Crus (14개)	샤또 지스쿠르 Château Giscours	마고
	샤또 키르완 Château Kirwan	마고
	샤또 디상 Château d'Issan	마고
	샤또 라그랑주 Château Lagrange	생쥴리앙
	샤또 랑고아 바르통 Château Langoa-Barton	생쥴리앙
	샤또 말레스코 생텍쥐페리 Château Maled-cot-St-Exupéry	마고
	샤또 깡트낙 브라운 Château-Cantenac-Brown	마고
	샤또 팔메 Château Palmer	마고
	샤또 라 라귄 Château La Lagune	오메독
	샤또 데스미라일 Château Desmirail	마고
	샤또 깔롱 세귀르 Château Calon-Ségur	생테스테프
	샤또 페리에르 Château Ferriére	마고
	샤또 달렘므 Château d'Alesme (옛, 마르키스 달렘므 Marquis d'Alesme)	마고
	샤또 보이드 깡트낙 Château Boyd-Cantenac	마고
4등급 카트리엠 크뤼 Quatrièmes Crus (10곳)	샤또 생 피에르 Château St-Pierre	생쥴리앙
	샤또 브라네르 뒤크뤼 Château Branaire-Dicru	생쥴리앙
	샤또 딸보 Château Talbot	생쥴리앙
	샤또 뒤아르 밀롱 로췰드 Château Duhart-Milon-Rothschild	뽀이약
	샤또 푸제 Château Pouget	마고
	샤또 라 뚜르 카르네 Château La Tour-Carnet	오메독
	샤또 라퐁 로셰 Château Lafon-Rochet	생테스테프
	샤또 베이슈벨 Château Beychevelle	생쥴리앙
	샤또 프리외레 리쉰 Château Prieuré-Lichine	마고
	샤또 마르키스 드 테름 Château Marquis de Terme	마고
5등급 생퀴엠 크뤼 Cinquièmes Crus (18개)	샤또 퐁테 카네 Château Pontet-Canet	뽀이약
	샤또 바타이에 Château Batailley	뽀이약
	샤또 그랑 푸이 라코스트 Château Grand-Puy-Lacoste	뽀이약
	샤또 그랑 푸이 뒤카스 Château Grand-Puy-Ducasse	뽀이약
	샤또 오 바타이에 Château Haut-Batailley	뽀이약
	샤또 린치 바주 Château Lynch-Bages	뽀이약
	샤또 린치 무사 Château Lynch-Moussas	뽀이약
	샤또 도작 Château Dauzac	오메독
	샤또 다르마약 Château d'Armailhac (1956~1988년에는 '샤또 무통 바롱 필립 Château MoutonBaron-Philippe'이었음)	뽀이약
	샤또 뒤 테르트르 Château du Tertre	마고
	샤또 오 바주 리베랄 Château Haut-Bages-Libéral	뽀이약
	샤또 페데스클로 Château Pédesclaux	뽀이약
	샤또 벨그라브 Château Belgrave	오메독
	샤또 카망삭 Château Camensac	오메독
	샤또 코스 라보리 Château Cos Labory	생테스테프
	샤또 클레르 밀롱 로췰드 Château Clerc-Millon-Rothschild	뽀이약
	샤또 크루아제 바주 Château Croizet Bages	뽀이약
	샤또 캉트메를르 Château Cantemerle	오메독

깔롱 세귀르(Ch. Calon-Ségur) 깔롱 세귀르는 하트 레이블로 인해 발렌타인데이에 연인들에게 가장 사랑받는 와인이다.

브랑 깡트낙(Ch. BRANE-CANTENAC) 2등급의 브랑 깡트낙은 마고 지역의 섬세함을 보여주는 와인이다.

세컨드 와인(Second Wine)

세컨드 와인이란 그랑크뤼 와인의 서브 와인으로 생각하면 된다. 포도밭에서 가장 어린 포도나무에서 수확한 포도로 만들거나, 새로 경작한 포도밭 혹은 같은 포도밭이라도 구석진 곳에서 수확한 포도를 따서 만들었기 때문이다.

물론 그랑크뤼 와인과 같은 밭이라고 해도 포도가 조금 다르기 때문에 미묘한 차이는 있을 수 있겠지만, 양조자와 양조방법은 모두 같으므로 그랑크뤼 와인을 저렴한 가격에 마실 수 있다.

그랑크뤼 와인	세컨드 와인
샤또 오 브리옹 Château Haut-Brion	샤또 바앙 오브리옹 Château Bahans Haut Brion
샤또 라피트 로칠드 Château Lafite-Rothschild	샤또 카뤼아드 드 라피트 Château Carruade de Lafite
샤또 라뚜르 Château Latour	샤또 레 포르 드 라뚜르 Château Les Forts de Latour
샤또 마고 Château Margaux	파비옹 루즈 뒤 샤또 마고 Pavillon Rouge du Château Margaux
샤또 무통 로칠드 Château Mouton-Rothschild	르 쁘띠 무통 Le Petit Mouton

② **그라브**(Grave)

1953년 등급제가 도입된 그라브 지역에서는 메독 지역처럼 따로 등급을 구분하지 않고, 1개의 등급으로 그랑 크뤼 클라쎄라고만 한다. 샤또 오 브리옹(Château Haut-Brion)을 포함하여 다음의 와인들은 추천 샤또 들이며, 특히 샤또 스미스 오 라피트는 최대 생산자로 가장 구하기 수월한 와인이다.

샤또 부스코 Château Bouscaut

샤또 오 바이이 Château Haut-Bailly

샤또 카르보니외 Château Carbonnieux

도멘 드 슈발리에 Domaine de Chevalier

샤또 드 피외잘 Château de Fieuzal

샤또 올리비에 Château Olivier

샤또 라 뚜르 마르티야크 Château La Tour-Martillac

샤또 스미스 오 라피트 Château Smith-Haut-Lafitte

샤또 파프 클리망 Château Pape-Clément

샤또 라 미숑 오 브리옹 Château La Mission-Haut-Brion

샤또 말라르틱 라그라비에르 Château Malartic-Lagraviere

스미스 오 라피트(Ch.Smith-Haut-Lafitte)는 와이너리와 호텔, 레스토랑, 와인스파가 함께 있는 복합 와인 문화공간으로 와인투어와 휴식을 함께 즐길 수 있는 곳이다.

샤또 파프 클리망(Ch. Pape-Clémet) Pape는 교황이라는 의미로, 파프 클리망은 5명의 교황을 배출한 가문이다. 파프 클리망의 웅장하면서도 견고한 샤또와 테이스팅 룸, 세월의 흔적이 보이는 와인컬렉션에서 세월을 느낄 수 있다.

③ **소떼른**(Sauternes)

소떼른은 거의 예외 없이 스위트 와인이다. 특등급인 그랑 프리미에 크뤼 1개, 1등급인 프리미에 크뤼 11개, 2등급에 14개의 샤또를 포함하여 총 26개의 그랑 크뤼 클라쎄가 있다.

특히, 소떼른의 샤또 디켐이 유일하게 스위트 와인 중에서 특등급인 그랑 프리미에 크뤼를 받은 샤또이다. 그랑 크뤼 클라쎄 중 소떼른에 인접한 바르삭(Barsac)에서 등급을 받은 샤또만 지역명을 표기하였다.

표 6-7 · 소떼른 지역 AOC 등급

등급	샤또 이름
특등급 그랑 프리미에 크뤼 Grand Premier Cru	샤또 디켐 Château d'Yquem
1등급 프리미에 Premier Cru(11개)	샤또 쉬뒤로 Château Suduiraut 샤또 클리망 Château Climens(바르삭) 샤또 리외섹 Château Rieussec 샤또 라 투르 블랑슈 Château La Tour Blanche 샤또 라포리 페라게 Château Lafaurie-Peyraguey 끌로 오 페라게 Clos Haut-Peyraguey 샤또 드 레인 비뇨 Château de Rayne-Vigneau 샤또 시갈라 라보 Château Sigalas-Rabaud 샤또 쿠테 Château Coutet(바르삭) 샤또 기로 Château Guiraud 샤또 라보 프로미 Château Rabaud-Promis
2등급 되지엠 크뤼 Deuxièmes Cru(14개)	샤또 다르슈 Château d'Arche 샤또 브루스테 Château Brouster(바르삭) 샤또 카이유 Château Caillou(바르삭) 샤또 드 말르 Château de Malle 샤또 라모트 Château Lamothe 샤또 미라 Château Myrat(바르삭) 샤또 드와지 다엔 Château Doisy-Daëne(바르삭) 샤또 드와지 베드린 Château Doisy-Védrines(바르삭) 샤또 드와지 뒤브로카 Château Doisy-Dubroca(바르삭) 샤또 필로 Château Filhot 샤또 네락 Château Nairac(바르삭) 샤또 쉬오 Château Suau(바르삭) 샤또 로메 디 아요 Château Romer du Hayot 샤또 라모트 기냐르 Château Lamothe-Guignard

샤또 드와지 다엔(Ch. Doisy-Daëne)
와인 색깔만 봐도 달콤함이 느껴진다.

샤또 오 페라게(Ch. Haut-Peyraquey)
테이스팅 준비중인 오 페라게

④ 생떼밀리옹(Saint-Émilion)

생떼밀리옹은 메독보다 100년이나 늦은 1955년에 제정되었으며, 프리미에 그랑크뤼 클라쎄 15개, 그랑크뤼 클라쎄 46개의 샤또가 있다. 다음의 와인들은 추천 샤또이다.

샤또 오존 Château Ausone
샤또 앙젤뤼스 Château Angelus
샤또 벨레르 Château Belair
샤또 피작 Château Figeac
샤또 카농 Château Canon
샤또 막들레느 Château Magdelaine
샤또 파비 Château Pavie
샤또 슈발 블랑 Château Cheval Blanc
끌로 푸르테 Clos Fourtet
샤또 라 가플리에르 Château La Gaffeliere
샤또 트로프롱 몽도 Château Troplong Mondot
샤또 트로트비에유 Château Trottevieill
샤또 파비 마캥 Château Pavie Maquin
샤또 보 세쥬 베코 Château Beau-Séjour-Bécot
샤또 보 세쥬 뒤포 라가로스 Château Beauséjour-DuffauLagarrosse

Ch. Beau-Séjour-Bécot
샤또 보세쥬 베코와 세컨드 와인들

⑤ 뽀므롤(Pomerol)

뽀므롤에는 재배면적이 보르도에서 가장 작은 지역으로 공식적인 등급을 매길 수 있을 만큼의 와인이 생산되지 않는다. 따라서 등급이 없는 대신, 가라쥐 와인

(Garage wine)이라고 하는 경우가 많다. 그러나 등급에 들어간 와인들보다 더 비싸고 훌륭한 와인이 많으며, 특히 샤또 르 팽이 가라쥐 와인의 시초였으며, 샤또 페트뤼스는 와인을 사랑하는 모든 이들의 로망의 대상이다. 다음은 뽀므롤 와인 중 반드시 기억해야 할 샤또들이다.

샤또 페트뤼스 Château Pétrus

샤또 라 플뢰르 페트뤼스 Château La Fleur-Pétrus

샤또 르 팽 Château Le Pin

샤또 네넹 Château Nénin

샤또 가쟁 Château Gazin

샤또 플랭스 Château Plince

뽀므롤에 위치한
샤또 페트뤼스 전경

Ch. Nénin(샤또 네넹)

샤또 페트뤼스 포도밭

2. 황금의 언덕 부르고뉴

로마 점령기 이래 오랜 역사를 가지고 있는 와인 생산지역으로 중세시대를 지나면서 수도원의 영향 아래 특별한 포도밭 관리가 이루어진 곳이 바로 부르고뉴이다.

1789년 프랑스 대혁명과 나폴레옹 시대를 지나면서 재산을 자녀의 수만큼 균등하게 상속하는 상속법이 생겨 포도밭이 잘게 나누어지는 결과를 낳았다. 이 때문에 부르고뉴에서는 같은 포도밭을 여러 명이 소유하게 되었고, 포도밭을 소유하고 있지 않은 사람은 땅값이 너무 비싼 탓에 포도밭을 사는 것보다 포도만 구입해서 와인을 양조하는 것이 훨씬 경제적으로 이득이 되었다. 그 결과 포도밭과 와인 양조자를 연결해주는 중개상의 역할이 매우 중요하게 작용하며, 세계에서 가장 조밀하고 복잡한 원산지 명칭 체제를 갖게 되었다.

전체적으로 화이트와인과 레드와인의 비율이 60 : 40으로 화이트와인의 생산량이 조금 더 돋보인다. 프랑스와인 전체 생산량으로 본다면 약 3%, 전 세계 전체의 생산량으로 본다면 0.33% 정도 밖에 되지 않는다. 생산량은 매우 작지만 품질이 뛰어난 덕분에 가격이 매우 비싸다. 부르고뉴 와인을 이해하기 위해서는 다음의 주요 와인용어를 알아야 한다.

레이블에 'MONOPOLE'이 보인다면, 단독소유의 의미이다.

끌리마(climat) : 아주 작게 나눠진 부르고뉴의 포도밭

모노폴(monopole) : 대부분 1개의 밭을 수십 명의 생산자가 공동으로 밭을 소유하는 경우가 많은데, 1개의 밭을 1개의 회사가 소유한 단독밭

DRC(Domaine de la Romanée-Conti) : 로마네 꽁띠, 라타슈를 소유한 도멘 드 라 로마네 꽁띠의 약자

네고시앙(negociant) : 와인을 병입, 유통하는 중개상으로 포도나 햇와인을 사다가 블렌딩 혹은 병입하여 판매하는 업체

버건디(Burgundy) : 영어로 부르고뉴를 뜻함.

부르고뉴 와인을 묘사할 때, '걷는 걸음마다 떼루아가 다르다'라고 하는 표현이 있을 만큼 떼루아를 고스란히 느낄 수 있는 와인이 바로 부르고뉴이다. 황제들에게도 많은 사랑을 받아 부르고뉴 와인을 황제의 와인이라고도 부르고 있다.

샤를르마뉴 대제(742~814)는 알록스 꼬르통(Aloxe corton) 와인을 엄청 사랑했다고 한다. 알록스 꼬르통 마을에서는 주로 레드와인만 생산하다가, 화이트와인도 만들라는 지시에 만들었더니 레드와인 못지않은 그랑 크뤼의 화이트와인이 탄생되었다는 얘기도 있다.

꼬뜨 드 본(Côte de Beaune) 지역의 마을

루이 14세는(1643~1715)는 뉘 생 조르쥐(Nuits-Saint-Georges) 마을의 와인 애호가였고, 나폴레옹 1세(1769~1821)는 쥬브레 샹베르탱(Gevrey-Chambertin) 마을에서 생산되는 르 샹베르탱(Le Chambertin) 와인을 하루도 거르지 않고 마셨다고 한다.

꼬뜨 드 뉘(Côte de Nuits) 지역의 마을

꼬뜨 드 뉘(Côte de Nuits) 지역의 마을

1) 부르고뉴 지리적 및 토양 특징

부르고뉴는 파리에서 떼제베(TGV)기차를 타고 2시간 정도면 도착하는 내륙지역이다. 대서양과 맞닿아 있는 보르도와 달리 부르고뉴는 바닷가에서 600km 떨어져 있는 내륙지역으로 대륙성 기후를 나타낸다. 겨울엔 영하 20도까지 내려갈 정도로 춥고(포도나무가 걱정되는가? 포도나무는 영하 28도까지는 견딜 수 있으니 걱정 마시길), 여름엔 매우 덥고 건조한 기후를 나타낸다.

다채로운 부르고뉴의 토양을 이해하기 위해서는 약 2억 만 년 전인 쥐라기 시대(영화 쥐라기 공원의 배경과 같은 시대)로 거슬러 올라가야 한다. 그때 당시에 바다였던 지역이 해저융기가 일어나면서 육지가 된 곳이 바로 부르고뉴이다. 바다에 있던 각종 조개류와 어패류가 땅속에 묻혔고, 쥐라기 시대를 살던 공룡들이 화석으로 묻히면서 백악질, 석회질이 풍부한 토양으로 완성된 것이다. 석회질 토양의 경우 영양분은 거의 없고, 자갈이 많은 것이 특징이며, 아무 식물이나 심을 수 있는 없는데 오직 포도나무만이 가능했다.

석회질은 와인에 섬세함과 우아함을 더해주고, 점토질이 힘을 실어주어 최고의 와인이 탄생할 수 있는 조건을 갖추게 되었다.

차량 이동 중 창문으로 본 부르고뉴 포도밭

부르고뉴 포도밭 토양에서 부르고뉴의 힘이 느껴진다.

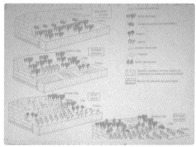

부르고뉴 CAFFA 수업 중
사진에서와 같이
부르고뉴는 해저 융기의
영향을 받아 계단처럼
토양이 밀려 있다.

2) 부르고뉴 재배 포도품종

보르도는 여러 가지 품종을 블렌딩하여 와인을 양조하지만, 부르고뉴에서는 단일품종으로 양조한다. 레드와인 품종은 피노 누아와 갸메, 화이트와인 품종은 샤르도네와 알리고떼(Alogoté)이다. 사실, 보졸레를 제외한 모든 부르고뉴 레드와인은 피노 누아이며, 화이트와인은 샤르도네이다. 따라서 레이블에 따로 품종표기를 하지 않는다.

갸메는 보졸레지역의 레드와인 품종으로만 사용된다. 알리고떼는 재배의 어려움이 있어 생산량이 많지 않고, 매우 높은 산도가 특징으로 크레몽(Crémant)을 양조할 때 많이 사용되며, 알리고떼로 화이트와인을 만든 경우는 레이블에 품종을 표기하고 있다.

3) 부르고뉴 와인 생산지역

부르고뉴는 보르도처럼 지롱드강을 중심으로 좌안, 우안이 나뉘어져 있는 것도 아니고, 블렌딩으로 와인을 양조하지도 않는다. 부르고뉴는 직선으로 뻗은 내륙지역에 단일 품종 100%(레드:피노 누아, 화이트:샤르도네)로 와인을 만들고 있다. 그러나 보르도 와인보다 이해하기가 훨씬 어렵다. 그 이유는 다음의 세 가지와 같다.

첫째, 상속법으로 잘게 나눠진 포도밭,

둘째, 포도밭의 주인이 여러 명이기에 주인들마다 생산하는 와인의 스타일이 다르고,

셋째, 포도밭을 갖고 있지 않은 양조자는 포도만 매입하여 와인을 양조하고 판매(네고시앙)할 수 있기 때문이다.

즉, 네고시앙에서 A라는 밭에 가서 포도를 구입하여 와인을 양조하여 판매하는 경우, 와인 레이블에는 A밭의 이름(포도의 출처), 네고시앙의 이름(양조자), 와인의 등급 모든 것이 표기되어 있다. 따라서 부르고뉴는 매우 복잡한 체계를 갖고 있으며, 떼루아를 중심으로 와인을 생산하고 있는 부르고뉴의 생산지역은 어느 한 곳도 중요하지 않은 곳이 없다.

결론은 부르고뉴를 정복하고 싶다면, 부르고뉴 지역의 지도를 많이 들여다보며 마을의 위치, 밭의 위치를 파악하고, 어떤 양조자가 와인을 잘 만드는지 공부하고, 피노 누아의 매력을 느끼게 된다면 그리 어렵지 않을 것이다.

부르고뉴의 주요 생산지역은 샤블리부터 보졸레까지 6개의 지역으로 구분되어 있으며, 다음과 같다.

표 6-8 · 부르고뉴 생산지역별 와인 특징

생산지역	와인 특징	
샤블리 (Chablis)	– 부르고뉴 최북단에 위치한 지역 – 세계 최고의 명품 화이트와인만 생산	화이트 100%
꼬뜨 도르* (Côte d'Or)	꼬뜨 드 뉘(Côte de Nuit)– 부르고뉴 최상급 레드와인 생산지	레드 : 화이트 = 95 : 5
	꼬뜨 드 본(Côte de Beaune) – 화이트와인의 전 세계 표본	레드 : 화이트 = 70 : 30
꼬뜨 샬로네즈 (Côte Chalonnaise)	– 가격대비 훌륭한 와인 생산지역	레드 : 화이트 = 60 : 40
마꼬네 (Mâconnais)	– 샤블리보다 기후가 따뜻해서, 가볍고 산뜻한 스타일의 와인 생산 – 주로 화이트와인 생산	레드 : 화이트 = 15 : 85
보졸레 (Beaujolais)	– 갸메 100%로 레드와인 생산 – 과일향이 풍부하고 가벼운 스타일의 와인	레드 : 화이트 = 99 : 1

*꼬뜨(Côte)는 언덕, 오르(Or)는 황금이라는 뜻이다. 황금처럼 비싸고 좋은 와인이 많이 나온다는 의미로 해석하면 된다.

① 샤블리(Chablis)

샤블리는 부르고뉴 최북단에 위치하고 있는 지역으로 화이트와인만 생산한다. 약 3,000헥타르의 이회암성 석회질 토양에서 우아하고 고상한 화이트와인을 생산한다. 쥐라기시대 키메리앵토양이 섞여 있으며 이 토양으로 인해 바디가 견고하고 미네랄이 풍부한 와인이 탄생된다.

② 꼬뜨 도르 – 꼬뜨 드 뉘(Côte d'Or – Côte de Nuits)

꼬뜨 도르에서 북쪽에 위치한 꼬뜨 드 뉘(Côte Nutis)는 부르고뉴 와인산지의 심장부이며 특히 레드와인의 최적의 산지라고 할 수 있다. 레드와인과 화이트와인의 생산량이 95 :5로 레드와인이 독보적이다.

꼬뜨 드 뉘는 디종(Dijon)에서 꼬르골루앵(Corgoloin)까지 이르는 와인산지이며 중기 쥐라기시대에 이루어진 석회질 토양에서 파워풀하면서도 부드럽고 깊은 향, 비교적 높은 알코올 도수, 장기보관용 와인을 생산하는 곳으로, 나폴레옹과 루이 14세가 꼬뜨 드 뉘의 와인을 사랑할 수밖에 없는 이유였을 것이다.

특히, 본 로마네(Vosne-Romanée) 마을은 로마네 꽁띠(Romanée-Conti)를 생산하는 마을이다. 로마네 꽁띠는 연간 생산량이 4천~6천병 밖에 되지 않아 상상을 초월할 만큼 가격이 매우 비싸며, 품질은 더할 나위 없는 세계 최고의 레드와인이다. 생산지역 중 주요 마을 이름은 다음과 같다.

쥬브레 샹베르탱(Gevrey-Chambertin)

부죠(Vougeot)

모레 샌드니(Morey-Saint-Denis)

본 로마네(Vosne-Romanee)

뉘 생 조르쥬(Nuits-Saint-Georges)

본 로마네(Vosne-Romanée) 마을의 로마네 꽁띠(Romanée-Conti) 포도밭

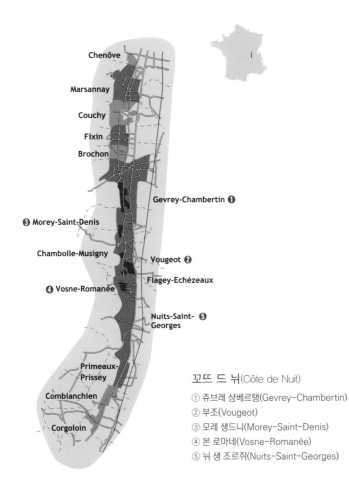

꼬뜨 드 뉘(Côte de Nuit)

① 쥬브레 샹베르탱(Gevrey-Chambertin)

② 부죠(Vougeot)

③ 모레 샌드니(Morey-Saint-Denis)

④ 본 로마네(Vosne-Romanée)

⑤ 뉘 생 조르쥐(Nuits-Saint-Georges)

③ 꼬뜨 도르 – 꼬뜨 드 본(Côte d'Or – Côte de Beaune)

꼬뜨 드 본(Côte de Beaune)은 라 두아(La Doix) 마을에서 비롯하여 상뜨네(Santenay)의 바로 이웃에 있는 마랑쥬(Marange)에 이르기까지 약 25km 이르는 지역으로 대부분 경사지를 이루고 있다. 꼬뜨 드 본의 토양은 전기 쥐라기에 형성된 것으로 이회암질과 석회질 토양으로 이루어져 있으며, 레드와인과 화이트와인의 생산량 비율이 70 : 30으로 균형 있게 발전된 조화로운 모습이다.

화이트와인은 섬세한 과일향과 완벽한 균형감으로 전 세계 사람들에게 사랑받고 있다. 높은 품질과 바디감이 풍부하며 섬세함이 돋보이는 레드와인도 완벽한 균형감을 보이고 있다.

생산지역 중 주요 마을 이름은 다음과 같다.

주요 화이트와인 생산마을은 몽라쉐(Montrachet), 뫼르소(Meursault), 꼬르통 샤를르마뉴(Corton-Charlemagne)이다.

주요 레드와인 생산마을은 알록스 꼬르통(Aloxe-Corton), 볼네(Volnay), 뽀마르(Pommard)이다.

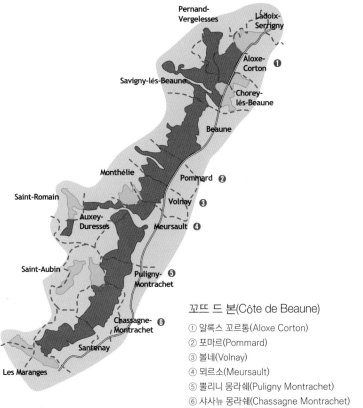

꼬뜨 드 본(Côte de Beaune)

① 알록스 꼬르통(Aloxe Corton)

② 포마르(Pommard)

③ 볼네(Volnay)

④ 뫼르소(Meursault)

⑤ 뿔리니 몽라쉐(Puligny Montrachet)

⑥ 샤사뉴 몽라쉐(Chassagne Montrachet)

도멘 조제프 브아요 볼네 프르미에 크뤼 '샹팡' 2003
(Domain Joseph Voillot Volnay 1er Cru 'Champans' 2003)

④ 꼬뜨 샬로네즈(Côte Chalonnaise)

꼬뜨 도르에서 남으로 향해 내려가다 보면 "샬롱 쉬르 손느"라는 이 지역 중심도시에 이르게 되는데, 꼬뜨 샬로네즈(Côte Chalonnaise)는 이 도시 주변에 발달한 와인 산지를 총칭해서 가리키는 말이다. 손느강을 껴안고 펼쳐져 있는 와인 산지에서 레드와인과 화이트와인을 생산하고 있는데, 오늘날 우수한 품질로 평가받고 있다.

대표적인 생산마을은 부즈롱(Bouzeron), 메르퀴레(Mercurey), 휘이(Rully), 지브리(Givry), 몽타니(Montagny)가 있으며, 특히 부즈롱(Bou-zeron)은 부르고뉴 화이트품종인 알리고떼를 위해 주어진 유일한 마을 단위의 AOC이며, 알리고떼의 명산지이다.

⑤ 마꼬네(Mâconnais)

부르고뉴 지방 제일 남쪽에 자리잡고 있는 마꽁(Macon)시 주변의 와인산지를 일컬어 마꼬네(Mâconnais)라고 한다. 그랑 크뤼 와인과 프리미에 크뤼 와인은 없지만 화이트와인은 매우 뛰어나다. 꼬뜨 드 본의 화이트와인을 마시기가 가격적으로 부담이 된다면, 마꼬네를 선택하면 된다. 브레스 평원으로 뻗어있는 마꼬네는 일조량이 풍부하고 비가 적어 서리의 피해가 적다.

손느강의 빼어난 풍경과 선사시대의 유적들이 마꼬네 지역이 갖고 있는 명성이다. 포도원은 대부분 완만한 언덕에 위치해 있으며, 주로 석회암 토양이다. 레드와인은 보졸레처럼 갸메로 만들며, 화이트와인은 샤르도네로 만든다.

비레-클레세(Viré-Clessé), 생-베랑(Saint-Véran), 푸이-퓌세(Pouilly-Fussé), 푸이-로쉐(Pouilly-Loché), 푸이-뱅젤(Pouilly-Vinzelles) 등이 유명 마을이며, 특히 푸이-퓌세(Pouilly-Fussé) 화이트와인이 가장 뛰어나다.

⑥ **보졸레**(Beaujolais)

보졸레(Beaujolais)는 부르고뉴 남쪽에 위치한 곳으로 가볍고 과일향이 풍부한 와인을 생산하는 곳으로 갸메 100%로 생산한다. 우리가 잘 알고 있는 보졸레 누보는 보졸레는 지역명, 누보(Nouveau)는 '첫', '햇'이란 뜻으로 햇과일, 햅쌀처럼 그 해 첫 수확한 포도로 만든 와인이다. 보졸레 누보는 매년 11월 셋째주 목요일에 출시된다.

보졸레 누보는 어릴 때(young) 마시는 것이 좋고, 약간 차갑게 마셨을 때 훨씬 더 풍부한 풍미를 느낄 수 있다. 기본 보졸레보다 더 라이트하고 과일향이 풍부하다. 또한 보졸레 누보는 탄산가스 침용법으로 와인을 양조하여 아주 적은 타닌과 풍부한 색, 과일향의 특징을 최대한 느낄 수 있다.

따라서 보졸레 누보는 한 해의 포도농사가 어떠했는지 미리 점쳐볼 수 있는 와인이므로 가장 낮은 등급의 보졸레는 가급적 병입 후 6개월 안에 마시는 것이 좋다.

프랑스와인의 가장 핵심이며 전 세계 와인애호가들에게 가장 사랑받는 보르도와 부르고뉴는 양조방법, 포도품종, 와이너리 명칭, 등급기준, 1등급 표시방법, 오크통의 명칭과 크기 모두 차이가 있다. 보르도와 부르고뉴 지역의 차이는 다음의 〈표 6-9〉와 같다.

표 6-9 · 보르도 vs 부르고뉴 와인 비교

		보르도	부르고뉴
포도품종		블렌딩	단일품종 (레드 : 피노누아, 갸메 / 화이트 : 샤르도네, 알리고떼)
와이너리 명칭		샤또	도멘
등급기준		샤또	포도밭
1등급 표시	**최상급**	Premier grand cru	Grand cru
	두번째	Grand cru	Premier cru
오크통 명칭		Barrique(바리끄)	Piece(피에스)
오크통 크기		225리터	228리터

4) 부르고뉴 지역 와인의 등급체계

보르도에서는 가장 좋은 와인을 프리미에 크뤼(Premier Cru)라고 하고, 두 번째로 좋은 와인을 그랑크뤼(Grand Cru)라고 한다.

그러나 부르고뉴에서는 가장 좋은 와인을 그랑크뤼(Grand Cru), 두 번째를 프리미에 크뤼(Premier Cru)라고 하니 혼동하지 말기 바란다.

또한 부르고뉴와 보르드의 등급을 정하는 가장 중요한 기준은 부르고뉴는 포도밭이 기준이며, 보르도는 샤또를 기준으로 등급을 정하고 있다. 어려운가? 그냥 부르고뉴와 보르도는 같은 프랑스이지만, 와인에 있어서는 그저 별개의 나라라고 이해하는 편이 오히려 쉬울 것이다.

앞서, 부르고뉴에서는 네고시앙이 매우 중요하다고 설명하였다.

따라서 부르고뉴의 네고시앙도 알고 있어야 한다. 양조자에 따라 와인의 가격이 달라지기 때문이다. 네고시앙은 자신이 소유한 포도밭이 없어도 와인을 생산할 수 있기 때문에 네고시앙에 대한 정보가 더 중요하다.

특히 한국인 최초로 박재화 대표가 운영하는 루 뒤몽(Lou Dumont)이라는 네고시앙도 있다. 루 뒤몽에서 생산하는 '천지인(天地人)'은 '신의 물방울' 만화책에도 소개된 유명한 와인이다. 그 외 루 뒤몽에서 생산하는 다른 와인들도 매우 뛰어나다.

다음은 부르고뉴에서 유명한 네고시앙들이다.

부샤르 페르 에 피스 Bochard Père et Fils

샹송 Chanson

자플랭 Jaffelin

조셉 드루앵 Joseph Drouhin

라브레 루아 Labouré-Roi

루이 자도 Louis Jadot

루이 라투르 Louis Latour

올리비에 르플레이브 프레르 Olivier Leflaive Frères

상송 부르고뉴 피노 누아(Chanson
Le Bourgogne Pinot Noir)

부샤르 페르 에 피스 몽텔리 프르미에 크뤼 레 뒤레스
(Bouchard Père & Fils Monthèlie 1er Cru Les
Duresses)

프랑스와인 규정인 AOC를 지키며 와인을 생산하지만, 복잡하게 등급
이 구분되어 있는 곳이 바로 부르고뉴이다. 우리가 부르고뉴 와인을 선택
할 때 확인할 수 있는 지역별 등급의 표기를 살펴보도록 하자.

부르고뉴 도멘 비교. (좌)상송(Chanson) (우)부샤르
페르 에 피스(Bochard Père et Fils).
이 두 와인은 부르고뉴 꼬뜨 드 뉘의 쥬브레 샹베르탱의
2014빈티지이다. 같은 빈티지, 같은 마을이더라도
도멘이 다르면, 와인 스타일에도 차이가 있다.

도멘 다르디(Domain
d'Ardhuy)의 와인.
네고시앙은 같지만, 포도를
수확한 마을과 포도밭이
다르기 때문에 레이블에 모두
표기해야 한다.

본 프리미에 크뤼 "샹 피몽"(Beaune
1er Cru "Champs Pimont")

뿔리니 몽라쉐 프리미에 크뤼 "수 르 퓌"(Puligny
Montrachet 1er Cru "Sous le Puits")

① 샤블리

샤블리의 등급은 4개로 구분되며 〈표 6-10〉과 같다.

표 6-10 · 샤블리 등급

등급명	특징
샤블리 그랑 크뤼(Chablis Grand Cru)	- 샤블리 중 최고 등급 - 한정 생산
샤블리 프리미에 크뤼 (Chablis Premier Cru)	- 우수한 품질의 샤블리 - 특정 포도원에서 생산
샤블리(Chablis)	- 샤블리 지역에서 재배된 포도로 생산
쁘띠 샤블리(Petit Chablis)	- 가장 평범한 샤블리

② 꼬뜨 도르

부르고뉴의 심장인 황금언덕, 꼬뜨 도르에서는 지역단위(generic), 마을단위(villages), 프리미에 크뤼 빈야드, 그랑크뤼 빈야드로 나뉜다.

만약 쥬브레 샹베르탱 와인을 마시고 있다고 가정해보자.

마을명만 표기되어 있을 때는 빌라쥬급 와인이고, 마을명과 포도원명이 같이 표시되어 있는 와인은 프리미에 크뤼급, 포도원명만 표기되어 있다면 그랑 크뤼급 와인이다.

올리비에 르플레이브 프레르 쀨리니 몽라쉐 프리미에 크뤼 "레 폴라띠에르"(Olivier Leflaive Fères Puligny Montrachet 1er Cru "LES FOLATIÈRES")

올리비에 르플레이브는 레스토랑도 운영하고 있다. 레스토랑에서 사용하는 접시인데, 접시에 써진 글씨는 올리비에 르플레이브가 포도를 사오는 밭의 이름들이다.

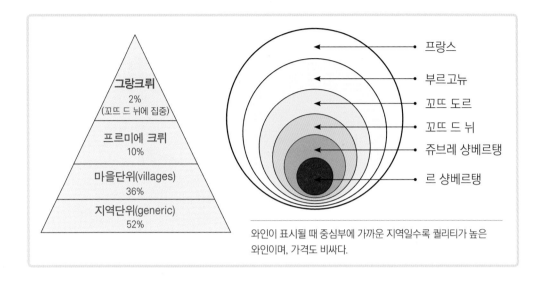

와인이 표시될 때 중심부에 가까운 지역일수록 퀄리티가 높은 와인이며, 가격도 비싸다.

③ 보졸레

보졸레의 등급은 가장 최상급인 크뤼(Cru), 보졸레 빌라쥬(Beaujolais-Villages), 보졸레(Beaujolais) 이렇게 세 가지 등급으로 구분된다.

보졸레 등급에는 보졸레에서 생산되는 대부분의 와인이 포함되어 있다.

보졸레 누보는 최대한 빨리 마시는 것이 좋지만, 보졸레 등급과 보졸레 빌라쥬 등급은 1~3년 정도 보관하는 것이 좋다. 그러나 크뤼등급은 과일풍미와 타닌감이 더 풍부해서 더 오래 보관해도 괜찮다(물론, 보관조건을 잘 지킨다는 전제하에).

가장 최상급 크뤼등급의 마을은 북쪽에서부터 쌩 따무르(Saint Amour), 줄리에나(Juliénas), 세나(Chénas), 물랑아방(Moulin-à-Vent), 플러리(Fleurie), 시루블(Chiroubles), 모르공(Morgon), 레니에(Régnié), 브루이(Brouilly), 코트 드 브루이(Côte de Brouilly) 총 10곳이다.

표 6-11 · 보졸레등급

등급명	특징
크뤼(Cru)	– 보졸레 중 최상급
	– 생산마을 이름 = 와인명
보졸레 빌라쥬(Beaujolais-Villages)	– 보졸레의 특정 마을에서 생산
보졸레(Beaujolais)	– 보졸레 와인 대부분이 포함

보졸레 크뤼 10개 마을 위치

3. 샴페인의 원산지 상파뉴

프랑스 파리에서 가장 가까운 와인산지이자 세계 최고의 샴페인을 생산하는 지역이 바로 상파뉴이다. 파리에서 북쪽으로 145km 떨어져 있는 상파뉴는 대표적인 백악질(Chalky) 점토로 풍부한 미네랄이 특징인 와인이 생산된다. 샴페인 하우스를 방문하면, 먼저 지하셀러(Cave)를 돌아본 뒤, 시음을 할 수 있는 관광코스가 있다. 지하셀러의 벽을 만져보면, 축축하면서도 부드러움이 느껴진다. 바로 백악질의 특징이 고스란히 샴페인에 전달되는 것이다.

상파뉴에서는 샤르도네, 피노 뫼니에, 피노 누아 이 세 가지 품종만 허

백악질은 흔히, 우리가 알고 있는 분필의 성분이다. 적절한 습도에서는 무르면서 부드러운 성질이다.

상파뉴에서는 와이너리를 샴페인 하우스라고 부른다.

용되며, 이 세 가지 품종을 블렌딩하여 샴페인을 만들고 있다.

만약 적포도 품종인 피노 누아와 피노 뫼니에로만 샴페인을 만든 경우 블랑 드 누아(Blanc de Noir)라고 하며, 청포도 품종인 샤르도네 100%로 샴페인을 만든 경우에는 블랑 드 블랑(Blanc de Blanc)이라고 한다. 만약 레이블에 아무 표기도 없다면, 세 가지의 품종을 블렌딩하여 생산한 것이다.

샤를 오방(Charles Orban) 샴페인의 Blanc de Noir & Blanc de Blanc

상파뉴 포도밭 전경

상파뉴에서는 지하셀러를 지상에서 약 13m 깊이 아래까지 파내려가 온도를 일정하게 유지할 수 있고, 백악질의 토양으로 수분을 적절하게 조절해주는 등 샴페인에게 최고의 조건을 제공하고 있다. 깊이 파내려간 동굴로 인해 전쟁 때는 시민들의 피난처로 사용되었다고 한다.

샴페인과 스파클링와인은 샴페인이 상파뉴 지역에서 생산되는 스파클링 와인에만 붙이는 고유명사라는 차이점이 있다. 그러나 상파뉴 지역은 훌륭한 스파클링와인을 생산하기에 더없이 좋은 떼루아를 갖고 있으며, 전통적인 방법으로 양조한다. 스파클링와인 레이블에 'Méthode Traditionnelle'라고 표기되어 있다면, 바로 상파뉴 방법으로 양조한 스파클링와인이라고 해석하면 된다. 그 외의 스파클링와인(크레몽, 무쉐, 까바 등)들은 품질이 저마다 다르며, 양조방법도 탱크 방법, 트랜스퍼 방법 등 다양한 방법으로 양조한다.

88p. 스파클링와인
양조방법 참고

샴페인 와인병에 보면, NM 혹은 RM이 쓰여져 있는 경우가 있다. 이는 생산자의 특성을 나타낸 줄임말로 NM은 Negociant Manipulant(네고시앙 마니퓔랑)의 약자이며, 포도재배자로부터 포도를 사서 샴페인을 만드는 경우이다. 우리가 알고 있는 대부분의 유명 샴페인(모엣 샹동, 때땡져, 뵈브 클리코 등)은 NM이다. RM은 Récoltant Manipulant(레꼴땅 마니퓔랑)의 약자이며, 자신이 직접 재배한 포도로 와인을 만드는 경우이다.

RM은 자신의 포도밭의 포도 100%로 샴페인을 만들기 때문에 포도재배에서부터 양조까지 모든 과정을 관리할 수 있기에 품질 면에서는 보장받은 샴페인들이다. 품질과 맛에서는 보장하지만, 생산량이 작기 때문에 가격은 포기해야 한다.

표 6-12 · 샴페인 생산자 종류

구분		특징
RM	Récoltant Manipulant (레꼴땅 마니퓔랑)	자신이 직접 재배한 포도로 샴페인을 생산 (생산량이 매우 작음)
NM	Négociant Manipulant (네고시앙 마니퓔랑)	포도재배자로부터 포도를 구입하여 샴페인을 생산 (또는 포도재배자와 포도를 독점계약)
RC	Récoltant Coopérateur (레꼴땅 쿠페라떼)	협동조합에서 양조한 와인을 자신의 브랜드로 판매
SR	Société de Récoltât (소시에떼 레꼴따)	가족경영으로 포도를 재배하고 와인을 양조하는 회사 조직
CM	Coopérateur de Manipulant (쿠페라떼 마니퓔랑)	생산자가 가입한 협동조합의 브랜드로 양조, 판매
MA	Marque de Acheteur (마르케 애쉬떼흐)	구매자 소유의 브랜드. 레스토랑이나 슈퍼마켓 자체브랜드의 샴페인

샴페인은 논 빈티지(Non Vintage, NV로 표기), 빈티지(Vintage), 프레스티지 뀌베(Prestige Cuvée), 크게 세 가지로 나뉘어진다.

논 빈티지 샴페인은 두 해 이상의 수확물을 블 렌딩하는데, 베이스가 되는 와인은 그 해의 빈티 지로 60~80% 정도이고, 나머지 20~40%는 다른 해의 와인을 블렌딩하여 만든다.

빈티지 샴페인은 한 해의 빈티지로만 만들며 가격도 논 빈 티지 샴페인보다 비싸다. 매해 빈티지 샴페인을 만드는 것은 아니며, 특별히 포도가 매우 좋았던 해에만 생산된다.

프레스티지 뀌베는 한 해의 빈티지로만 만드는 것은 빈티 지 샴페인과 같지만, 36개월 이상 장기 숙성을 시켜야 한다.

뵈브 클리코 라 그랑 담(Veuve Clicquot Ponsardin, La Grande Dame) 1998년 빈티지 샴페인

4. 파워풀한 와인의 대명사 론 밸리

부르고뉴 남쪽에 위치한 론 밸리는 론 강을 따라 리용(Lyon)에서부터 아비뇽(Avignon)까지 약 225km에 걸쳐 있는 지역이다. 론은 프랑스 남 부의 특징대로 기후가 매우 뜨겁고 일조량이 많다. 햇볕이 풍부하여, 포 도의 당분이 높은 탓에 알코올 도수도 높은 와인이 많이 양조된다. 론 와 인의 특징은 한마디로 강렬한 여름밤과 같다고 설명할 수 있다. 론 지방 은 북부론과 남부론으로 뚜렷하게 구분되어 있는데, 지역으로만 구분되 는 것이 아니라 와인 스타일도 전혀 다르다.

북부론은 훌륭한 경관과 주로 화강암이 특징이며, 레드와인의 경우 시 라 단일 품종으로 양조를 한다. 화이트와인은 주로 비오니에 품종으로 화 이트를 생산하고 있으며, 특히 꽁드리유 지역에서 생산하는 비오니에는 최고라고 할 수 있다. 북부론의 와인은 흙냄새와 진한 붉은 과일의 풍미,

견고한 타닌감을 느낄 수 있다.

남부론의 경우 프로방스에 인접해 있으며 지중해성 기후를 띠고 있다.

남부론은 보르도의 양조방법처럼 블렌딩으로 와인을 만드는 것이 특징이며, 특히 샤또네프 뒤 파프(Châteauneuf-du-Pape)의 경우 그르나슈, 시라, 무르베드르, 쌩쏘 등 13개의 포도품종 블렌딩을 허용하고 있다. 남부론 중 타벨(Tavel)은 로제와인을 만드는 유명한 지역인데, 로제가 유명하게 된 이유는 지형과 기후의 특징 때문이다. 바닷가와 가까운 탓에 주요 식재료는 해산물이었다. 그러나 남부론은 뜨거운 기후로 인해 주로 적포도 품종이 재배되었는데, 레드와인과 해산물의 궁합이 맞지 않자 로제와인을 만들기 시작한 것이다(역시 음식과 와인의 마리아주 힘은 대단하다). 타벨은 그르나슈를 주로 사용하여 로제와인을 생산하고 있다.

론 밸리에서도 AOC규정에 따라 와인이 생산되고 있는데, 북부론과 남부론의 유명 AOC지역을 알고 있다면, 와인 스타일을 해석할 수 있다.

표 6-13 • 북부론과 남부론의 유명 AOC

북부론	남부론
꼬뜨 로띠(Coôte Rôtie)	타블(Tavel) - 로제와인
꽁드리유(Condrieu)	지공다스(Gigondas)
샤또 그리에(Château Grillet)	샤또 네프 뒤 파프(Châteauneufde-Pape)
에르미따쥬(Hermitage)	방투(Ventoux)

폴 자불레 애네,
지공다스 피에르 애기
(Paul Jaboulet Aine,
Gigondas Pierre
Aiguille)

도멘 뒤 뻬고, 샤또네프 뒤
빠쁘 퀴베 리저브(Domaine
du Pegau, Chateauneuf-
du-Pape Cuvee Reservee)
블렌딩의 예술을 보여주는
샤또네프 뒤 빠쁘에서 생산된
도멘 뒤 뻬고는 신의 물방울에도
등장한 와인이다.

5. 아름다운 고성과 함께하는 루아르

루아르는 낭뜨 근처 아틀란틱해의 부르고뉴 끝자락에서부터 리옹 (Lyon)의 서부지방까지 뻗어 있다. 프랑스에서 가장 긴 루아르강은 약 960km의 길이를 자랑하며 루아르 지역의 아름다운 경관과 함께하고 있다. 루아르는 고성이 많은 지역 중 하나인데, 왕족은 물론 프랑스인의 휴양지로도 사랑받는 지역이다. 바다와 강이 인접해 있어서 화이트, 레드는 물론 로제와 스파클링, 스위트와인 등 모든 스타일의 와인을 생산하는 곳이 바로 루아르이다.

생생한 산도와 활기 있는 과일향이 매력적인 화이트와인은 소비뇽 블랑과 슈냉 블랑을 주로 사용하여 와인을 만들고 있다. 소비뇽 블랑은 루아르 밸리 동쪽의 푸이 퓌메, 상세르가 주요 재배지역이고, 푸이-퓌메는 루아르 와인 중 가장 높은 바디와 농도를 지닌 드라이한 스타일의 와인이며, 상세르(Sancerre)는 다양한 스타일의 와인을 모두 양조하고 있다.

슈냉 블랑은 루아르 밸리 서쪽의 앙주-소뮈르, 사브니에르, 부브레가 주요 재배지역이다. 특히, 앙쥐 소뮈르(Anjou-Saumur)는 가장 넓은 생산지역이다.

낭트에서 주로 재배되는 뮈스카데 품종은 낭트지역 중심인 세브르 에 멩(Sèvre et Maine)에서 사용하는 쉬르 리(Sur lie) 양조방법으로 드라이하면서도 효모의 풍미를 느낄 수 있는 화이트도 생산하고 있다.

레드와인은 까베르네 프랑과 갸메 등을 사용하여 우아한 와인을 만들어내고 있다. 루아르 지역의 와인은 와인 스타일과 빈티지를 보고 선택해야 제대로 즐길 수 있다.

도멘 생 쥐스트(Domaine de Saint-Just)에서 생산하는 와인

도멘 생 쥐스트(Domaine de Saint-Just) 옆의 동굴
토양의 특징을 나타내는 동굴이다.

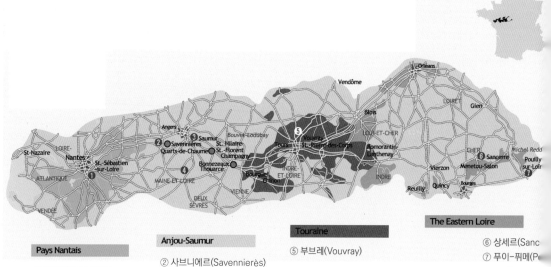

Pays Nantais

① 뮈스카데 드 세브르 에 맹(Muscadet de Sèvre et Maine)

Anjou-Saumur

② 사브니에르(Savennierès)
③ 소뮈르(Samur)
④ 앙주(Anjou)

Touraine

⑤ 부브레(Vouvray)

The Eastern Loire

⑥ 상세르(Sanc
⑦ 푸이-퓌메(P

6. 프랑스에서 리슬링을 느낄 수 있는 알자스

알자스는 독일과 가장 인접해 있는 지역으로 한때는 프랑스와 독일 간의 수차례 영토 쟁탈의 역사를 가지고 있는 지역으로 1945년, 마침내 독일이 제2차 세계대전에 패배하면서 프랑스에 귀속되었다. 따라서 프랑스에 속해 있는 화이트와인 생산지역이지만 독일 스타일로 와인을 생산하고 있다.

독일의 대표품종인 리슬링과 게뷔르츠트라미너, 피노 블랑, 피노 그리, 뮈스카(Muscat), 실바너 등과 같은 품종으로 와인을 만들고 있으며, 독일와인과의 차이점을 들자면, 독일 화이트와인은 알코올 도수가 8~9%인 반면, 알자스 지역은 11~12% 정도로 독일 화이트와인보다 조금 높다.

적포도 품종으로는 피노 누아를 주로 재배하고 있는데, 레드와인과 로제와인으로 만들고 있다.

알자스의 AOC 표기는 'Appellation ALSACE Contrôlée RIESLING' 처럼 AOC 뒤에 품종명을 표기하고 있다. 또한 알자스의 그랑 크뤼가 되기 위에서는 리슬링, 게뷔르츠트라미너, 피노 그리, 뮈스카로 단일 양조하는 것이 원칙이다.

뮈스카와 뮈스카데는 이름은 비슷하지만, 다른 품종이다. 또한 뮈스카는 포도품종 중에서도 엄청난 계열을 자랑하며, 뮈스카, 모스카토(Moscato), 모스카텔(Moscatel), 뮈스카텔러(Muskateller) 등 '뮈스카 패밀리'라고도 할 만큼 다양한 이름을 가지고 있다. 특별한 구분 없이 국가별로 각자 부르고 있다.

CHAPTER 7

구세계국가 와인 –
이탈리아

CHAPTER 7

구세계국가 와인 - 이탈리아

모든 생활의 중심이 와인이라고 할 만큼 이탈리아는 세계 3대 와인생산국 중 하나이다. 이탈리아와인의 특징은 다양성에 있다. 드라이한 와인부터 달콤한 와인, 가벼운 와인부터 묵직한 스타일의 와인까지 매우 다양한 와인이 생산되고 있다. 그 이유는 20개 주(州) 대부분에서 포도재배를 하며 약 700~800개의 토착품종이 있기 때문이라고 볼 수 있다. 마케팅에 관심이 없던 이탈리아는 와인의 체계가 일관적이지 않았으나, 1963년 DOC등급 제도를 정비하면서 품질관리 및 향상에 힘쓰고 있다.

이탈리아와인을 이해하려면 몇 가지 용어를 익혀야 한다. 중요 와인용어는 다음과 같다.

Annata(아나따) : 빈티지

Bianco(비앙코) : 화이트

Cantina(깐띠나) : 셀러 혹은 와이너리

Dolce(돌체) : 스위트(sweet)

Riserva(리제르바) : 일반 와인들보다 오랜 기간 숙성했을 경우

Rosso(로쏘) : 레드

Amarone(아마로네) : 포도를 수확한 후 말려 건포도 상태로 만든 후 양조한 와인. 드라이한 와인이지만, 단맛이 느껴지고 알코올 도수가 높은 것이 특징

171p. 사진 참고. 와인 병목에 수탉 문양을 볼 수 있다.

Classico(클라시코) : '일류 혹은 유서 깊은'이라는 뜻. 끼안띠 지역의 클라시코는 끼안띠 와인 중 최고의 품질 혹은 가장 좋은 포도밭에서 생산된 와인을 '끼안띠 클라시코'라고 하며, 병목에 수탉 문양이 표시되어 있음.

Franciacorta(프란치아꼬르따) : 롬바르디아 지역에서 샴페인 방법으로 만든 스파클링와인의 명칭

까델 보스코(Ca'del Bosco)의 프란치아꼬르따   프란치아꼬르따(Francia corta)   **브뤼(Brut)** 드라이 스파클링

Frizzante(프리잔떼) : 약발포성 와인

Superiore(수페리오레) : 법적으로 오크통에서 1년 이상 숙성시켜야 하고, 최소 알코올 도수가 12%를 넘어야 함.

Supumante(스푸만떼) : 발포성 와인

Tenuta(떼누따) : 소유지, 포도밭

1. 천 개의 얼굴, 이탈리아와인

3천 년의 역사를 가지고 있는 이탈리아는 세계 와인 생산량 3위 안에 드는 나라이다. BC 800년 에투리아인이 지금의 토스카나 지역에서 포도를 재배하면서부터 이탈리아와인의 역사가 시작된 것으로 기록되고 있다.

그러나 이탈리아 사람들은 와인을 식품의 일부로서 생각(우리나라의

김치와 같은 의미)하여 와인의 품질관리에 큰 노력을 들이지 않았다. 그 결과 프랑스와인만큼 마케팅도 활성화되지 않아 소비자들이 이탈리아와 인을 잘 모르는 경우도 많고, 전반적으로 정리가 잘 안된 듯한 느낌이 강했다. 최근에 등급정리 및 마케팅 노력으로 점차 이탈리아와인에 대한 관심이 커지고 있을 뿐만 아니라, 이탈리아와인의 매력에 빠져들면 헤어 나오지 못할 만큼 다양한 와인을 자랑하고 있다.

2. 이탈리아 지리적 및 토양 특징

전형적인 지중해성 기후인 이탈리아는 북위 37~47도 사이에 위치하여 무려 10도의 위도차이가 있다. 북쪽에서부터 남쪽까지 약 1,500km에 걸쳐 있는 나라로 매우 긴 지형이지만, 바다가 인접해 있고, 산지가 많아 기후차이를 잘 조절해주고 있다(우리나라는 남에서 북까지 약 1,200km). 포도밭 전체 면적은 80만 헥타르이며 레드와인과 화이트와인이 50 : 50 으로 거의 비슷한 양으로 생산되고 있다.

이탈리아는 북쪽으로는 알프스 산맥, 남쪽에는 지중해성 해양, 동쪽으로는 아드리안 해안이 펼쳐져 있는 매우 매력적인 지리적 특징을 갖고 있다.

북부는 추운 겨울과 더운 여름을 지닌 대륙성 기후이지만 알프스 산맥과 돌로미트(Dolomites) 산이 북쪽에서 불어오는 매서운 바람을 막아주고 여름에는 대지를 식혀주는 바람을 일으킨다. 꼬모(Como), 가르다(Garda), 마찌오레(Maggiore)와 같은 커다란 호수들은 온도 차이를 적당히 조절해주고 온화한 날씨를 만들어 주는 역할을 하고 있다.

남부에는 아펜니노(Apennines) 산맥이 포(Po)계곡에서부터 이탈리아 반도의 끝까지 척추같이 뻗어 있다. 겨울은 따뜻하고 여름은 덥고 건조한 지중해성 기후이지만, 산이 많기 때문에 높은 지역이나 선선한 기후에서 잘 자라는 포도품종을 재배할 수 있다. 북부는 빈티지 간에 차이가 있을 수 있지만 남부는 이보다 덜하다.

3. 이탈리아 재배 포도품종

이탈리아의 토착품종은 대략 700~800여 종이 있다. 중요한 점은 이 많은 품종들이 세계 어디에서도 발견되지 않는 이탈리아만의 토착품종 이라는 것이다. 이탈리아와인이 지니는 풍요로움은 품종의 다양성에서 나온다고 해도 과언이 아니다. 그러나 최근 프랑스 품종인 까베르네 소 비뇽, 메를로 등 새로운 품종을 도입하여 변화를 시도하여 슈퍼 투스칸 과 같은 엄청난 와인을 생산하고 있다. 다음은 이탈리아의 주요품종이 다. 3장 포도품종 부분에서 설명하지 않은 품종에 대해서는 추가적으로 알아보도록 하자.

172p. 참고

과거에는 1만 리터 용량의 커다란 Vat에 숙성하던 스타일에서 225리터의 오크통에 숙성하는 방법이 현대적인 스타일이다.

① 네비올로(Nebbiolo) : 현대적인 양조방법을 통해 명품와인으로서 새롭게 변화되고 있으며, 묵직하고 가득 찬 느낌을 가지고 있어 고 급와인이 많다.

② 바르베라(Barbera) : 바르베라 달바(Barbera d'Alba), 바르베라 다스 티(Barbera d'Asti) 같은 곳에서 최고급 와인을 만든다. 숙성을 잘 하 면 묵직한 맛이 된다.

③ 산지오베제(Sangiovese) : 먼지향, 딸기향, 산도가 매력적이다.

④ 돌체토(Dolcetto) : 피에몬테 지역의 적포도 품종으로서 산도는 낮 지만, 색상과 타닌이 모두 강해서 바르베라와 대조되는 품종이다. 대개 신선할 때 바로 마시는 특징이 있다.

⑤ 네로 다볼라(Nero d'Avola) : 시칠리아의 대표적인 품종으로 칼라 브레제(Calabrese)라고도 한다. 가볍게 즐길 수 있는 와인으로 블랙 체리 등의 과실향이 매우 풍부한 것이 특징이다.

⑥ 말바지아(Malvasia) : 말바지아는 이탈리아 전역에서 자라고 있는 품종으로 마데이라의 맘시(Malmsey) 품종에서 떨어져 나온 품종이 다. 원래 낮은 산도와 높은 당분을 갖고 있어서 트레비아노 품종과 블렌딩하여 품질 좋은 와인을 만들기도 한다. 높은 당분으로 스위

트와인을 만들기에도 적합하다. 토스카나의 빈산토는 주로 말바지아와 트레비아노의 말린 포도로 만든다.

⑦ 트레비아노(Trebbiano) : 이탈리아에서 가장 널리 재배되는 품종으로 이탈리아 화이트와인 생산에 높은 비중을 차지하고 있다. 별다른 특징이 있는 것은 아니지만 보편적으로 많이 재배되고 있다.

⑧ 글레라(Glera) : 이전에 프로세코(Prosecco)라고 불렸던 포도품종의 이름이다. 프로세코는 북동부 이탈리아 지역에서 생산되는 스파클링 와인의 명칭으로 포도품종과 지역 명칭의 정통성을 보전하기 위해 포도품종이름을 글레라로 변경하였다. 글레라로 생산한 스파클링 와인은 신선하고, 섬세한 기포가 특징으로 부드러운 스파클링으로 평가받고 있다.

⑨ 베르멘티노(Vermentino) : 매혹적인 꽃향과 미네랄 터치로 각광받고 있는 품종이다.

⑩ 프리미티보(Primitivo) : 이탈리아 남쪽의 뿔리아를 대표하는 포도 품종 중 하나로 야생 베리류의 향에서 느껴지는 신선한 과일 아로마가 특징이다.

> 포도를 수확하여 통풍이 잘 되는 곳에서 건조(줄에 매달거나, 바구니 등에 널어놓거나)시키면, 수분은 날아가고 응축된 당분만 남은 건포도 스타일의 포도가 된다. 이렇게 건조된 포도로 생산한 와인이다.

4. 이탈리아와인 생산지역

20개의 모든 주에서 와인을 생산하고 있는 이탈리아이지만, 생산지역 중에서 다음 지역들은 반드시 알아야 한다.

베네토(Veneto), 풀리아(Puglia) 시칠리아(Sicilia)는 이탈리아의 3대 생산지이다.

토스카나에 속한 끼안띠(Chianti)에서 생산하는 레드와인이 가장 유명하며, 화이트와인의 대명사라고 불리는 소아베(Soave)가 화이트와인으로 가장 유명하다.

이탈리아 와인 등급 중 가장 최상의 등급인, DOCG가 가장 많은 지역은 피에몬테(Piemonte)이다.

> 소아베는 지역명칭이 아니라, 와인 스타일을 뜻하는 대명사이다. 북부 이탈리아의 베네토 지역에서 블렌딩으로 생산된다.

174p. 참고

① 트렌토(Trento)
③ 롬바르디아(Lombardia)
⑤ 프리울리(Friuli)
⑦ 에밀리아 로마냐(Emilia Romagna)
⑨ 토스카나(Toscana)
⑪ 움브리아(Umbria)
⑬ 아부르쪼(Abruzzo)
⑮ 캄파니아(Campania)
⑰ 바실리카타(Basilicata)
⑲ 시칠리아(Sicilia)

② 발레 다오스타(Valle d'Aosta)
④ 베네토(Veneto)
⑥ 피에몬테(Piemonte)
⑧ 리구리아(Liguria)
⑩ 마르께(Marche)
⑫ 라찌오(Lazio)
⑭ 몰리제(Molise)
⑯ 풀리아(Puglia)
⑱ 칼라브리아(Calabria)
⑳ 사르데냐(Sardegna)

1) 피에몬테(Piemonte)

북서쪽에 위치한 피에몬테는 알프스 산맥과 인접해 있는 지역으로 '산의 발치에'란 뜻을 가지고 있다. 피에몬테 지역은 단일품종으로 와인을 생산해야 하며, DOCG 등급이 가장 많은 지역임과 동시에 IGT 등급은 존재하지 않는 명품와인 생산지역이다. 훌륭한 와인이 많이 생산되는 이유는 기후 때문이라고 할 수 있는데, 여름에는 매우 뜨겁고 건조하며, 겨울에는 매서운 기후를 보이고 있다. 이러한 기후로 인해 피에몬테의 대표품종 네비올로가 매우 잘 자란다.

피에몬테에서 가장 중요한 두 생산 마을은 바롤로와 바르바레스코이다.

파워풀하고 남성적인 와인으로 비유되는 바롤로는 최소 알코올 함유량이 13~15도이며, 최소 2년 이상 오크통에서 숙성시킨 후, 일정 기간의 병입숙성을 한다. 진하고, 드라이하며 심오하다. 산딸기, 버섯, 낙엽이 한데 어우러진 듯한 복잡 미묘한 향기를 풍기는데 이탈리아와인 중에서 가장 좋은 향기를 발한다. 최고 15년까지 숙성시킬 수 있으며 숙성되면서 벨벳처럼 부드러운 와인으로 변화된다.

리코사(RICOSSA)의 바롤로

가야, 프로미스(Gaja, Promis) 바르바레스코의 대명사인 가야(Gaja)가 토스카나의 밭을 매입하여 메를로, 시라, 산지오베제를 블렌딩하여 생산한 프로미스. 와인명 때문인지 결혼식 만찬용 와인으로 많이 사용된다.

섬세하고 우아하며 여성적인 와인으로 비유되는 바르바레스코는 바롤로와 동북 쪽으로 이웃하고 있으며, 타나로 강으로부터 가을의 서리에 의해 영향을 받으며 바롤로와 유사한 와인이지만 전체적으로 볼 때 더 가볍고 섬세한 와인이다. 이탈리아와인의 아버지로 불리는 안젤로 가야(Angelo Gaja)는 바르바레스코 와인의 새로운 표현과 위상을 확립한 대표적 인물이다.

2) 베네토(Veneto)

베네토는 소아베와 아마로네의 본고장으로 이탈리아 다른 어느 지역보다 많은 DOC 와인을 생산하고 있으며, 특히 화이트와인이 매우 유명한 지역이다. 특히 소아베DOC는 이탈리아에서 끼안띠 다음으로 가장 인기좋은 와인으로 설명할 수 있다.

이탈리아 화이트와인의 대명사 SOAVE

아마로네(Amarone)는 발폴리첼라(Valpolicella)에서 수확 후 건조시킨 포도로 양조하게 되는데, 당도가 느껴지면서도 알코올 함량이 높은(14~16도) 레드와인으로 생산된다.

베네토는 매년 4월 세계 3대 와인 박람회 중 하나인 비니탈리(Vinitaly)가 개최되는 지역이기도 하다.

98p.의 빈산토와 같은 방법으로 양조하는 와인인다.

3) 토스카나(Toscana)

토스카나는 이탈리아의 포도재배와 와인양조를 발전시키는 데 지대한 공헌을 끼친 지역이며, 와인애호가들에게 이탈리아와인의 위대함을 보여준 지역이라고도 할 수 있다. 특히 토스카나 와인의 심장이면서 이탈리아를 가장 대표할 수 있는 와인이라고 하는 지역은 끼안띠(Chianti)이다.

일반적으로 끼안띠는 크게 세 가지 스타일로 나눌 수 있는데, 영 (young)할 때 마시는 일반 끼안띠와 오크통에서 최소 2년 이상 숙성시키는 리제르바(riserva)가 있다. 마지막으로, 끼안띠 중에서도 가장 좋은 포도밭에서 생산된 클라시코가 있다. 와인의 품질은 천차만별이지만, 변하지 않는 한 가지 공통점은 산지오베제가 주품종으로, 단일 혹은 블렌딩하여 양조된다.

표 7-1 • 끼안띠의 3가지 와인 스타일

와인 스타일	특징
끼안띠(Chianti)	– 6개월~1년 정도 숙성시키는 신선하면서도 가벼운 와인이다. – 끼안띠는 산도가 풍부해 기름진 음식과 잘 어울린다.
끼안띠 클라시코* (Chianti Classico)	– 끼안띠의 포도원 중에서도 가장 중앙지역에서 생산된 포도로 양조. – 최소 2년을 오크 숙성시키며 DOC법에 의해 엄격하게 모든 과정이 통제되는 고품질 와인
끼안띠 클라시코 리제르바** (Chianti Classico Riserva)	– 병입되기 전 오크통에서 3년 숙성 – 리제르바는 산도와 타닌이 매우 조화롭고, 강건하면서도 부드러운 맛이 특징

*클라시코(Classico) : 일류 혹은 유서 깊은'이라는 뜻. 끼안띠 지역의 클라시코는 끼안띠 와인 중 최고의 품질 혹은 가장 좋은 포도밭에서 생산된 와인을 '끼안띠 클라시코'라고 하며, 병목에 수탉 문양이 표시되어 있음.

**리제르바(Riserva) : 일반 와인들(15~18개월)보다 오랜 기간(36~60개월) 숙성했을 경우

릴리아노 끼안띠 클라시코(LILLIANO CHIANTI CLASSICO)

릴리아노 끼안띠 클라시코 리제르바(LILLIANO CHIANTI CLASSICO RISERVA)

산지오베제의 특징은 포도품종 파트에서도 살펴보았지만, 먼지(dusty) 혹은 흙냄새(earthy)가 두드러져 이 향만으로도 산지오베제를 구분할 수 있을 정도이며, 산도와 타닌이 높아 사우어 체리맛이 나는 미디움 바디의 레드와인으로 만들어진다.

산지오베제로 만든 와인 중 가장 잘 알려진 와인은 끼안띠와 브루넬로 디 몬탈치노(Brunello di Montalcino; 줄여서 BDM이라고도 한다)이다. 특히, 브루넬로 디 몬탈치노 DOCG의 와인은 장기 숙성과 섬세함으로 피에몬테의 바롤로와 함께 이탈리아 최고의 와인으로 손꼽히는 와인이다.

슈퍼 투스칸(Super - Tuscan)

이탈리아 와인법 규정에 따르지 않고 까베르네 소비뇽 혹은 메를로와 같은 프랑스 품종들을 블렌딩하고 프랑스 기술을 도입해 만드는 혁신을 시도했다. 그 결과 훌륭한 고품질의 와인이 탄생되었지만, 이탈리아 규정대로 와인을 만들지 않았기 때문에 등급은 따로 부여받지 못해 이탈리아와인의 이단아로 불리고 있다.

대부분 프랑스 양조방법으로 생산된 소량의 고품질 와인들로, 사용된 포도품종이나 양조 방법이 해당 지역의 DOC 규정에 부합하지 않았기 때문에 수준 이하의 등급(VdT)을 받았다. 그러나 오늘날은 이러한 고급와인들을 합당하게 대우하기 위해 DOC 규정을 손질하여 이제는 대부분의 와인들이 IGT 이상으로 상품화되고 있다.

슈퍼 투스칸 와인 중 가장 유명한 와인들로는 사시까이야(Sassicaia), 띠냐넬로(Tignanello), 쏠라이야(Solaia), 마쎄토(Masseto), 오르넬라이야(Ornellaia), 루체(Luce), 쌈마르꼬(Sammarco) 등이 있다.

사시까이야는 까베르네 프랑과 까베르네 소비뇽, 띠냐넬로는 산지오베제와 까베르네 소비뇽, 까베르네 프랑, 쏠라이야는 까베르네 소비뇽과 산지오베제로 블렌딩하여 양조하고 있다.

이 중에서 사시까이야는 2001년에 이탈리아 등급 역사상 처음으로 특정 와이너리의 특정 와인에 등급을 받은 첫 와인으로 볼게리 DOC 사시까이야(Bolgheri DOC Sassicaia)가 되었다.

만약, 등급이 따로 없는데 가격이 비싸거나, 혹은 테이스팅했는데 매우 품질이 탁월하다면, 품종을 확인해 보라. 아마 프랑스 품종(까베르네 소비뇽, 메를로 등)이 블렌딩된 슈퍼 투스칸일지도 모른다.

안티노리의 띠냐넬로 (TIGNANELLO) 산지오베제, 까베르네 소비뇽, 까베르네 프랑을 블렌딩

오르넬라이아(ORNELLAIA) 까베르네 소비뇽을 주품종으로 메를로, 까베르네 프랑을 블렌딩

마르께시 안티노리 체르바로(Marchesi Antinori Cervaro) 슈퍼 투스칸의 대표인 띠냐넬로를 생산하는 안티노리가 움브리아(Umbria)에서 샤르도네와 그레케토 비앙코(Grechetto Bianco)를 블렌딩하여 매혹적인 아로마와 풍부한 풍미가 환상적인 와인으로 이탈리아의 몽라쉐라는 애칭으로 불리고 있다.

4) 뿔리아(Puglia)

지도상 이탈리아의 발뒤꿈치에 위치하는 뿔리아는 방대한 농업지대이며, 매우 무더운 날씨가 특징이다. 시칠리아와 더불어 이탈리아에서 가장 많은 와인을 생산하는 지역이다.

5) 시칠리아(Sicilia)

시칠리아는 마피아와 아란치니와 같은 다양한 수식어로 알려져 있는 섬으로 이탈리아의 가장 큰 지역이자 포도산지 중에서도 가장 넓은 면적을 포함하고 있다. 특히 시칠리아는 화산토에서 포도를 재배해서 만드는 에트나(Etna) 와인들도 매우 유명하다.

이탈리아 스위트와인의 대명사인 파씨토(Passito)는 판텔레리아(Pantelleria)섬에서 주로 생산된다. 가장 서쪽에 위치한 마르살라(Marsala)에서는 주정강화와인으로 유명한 지역이다.

98p. 참고.
빈산토와 같은 방법

마르살라는 18세기 말 영국 상인이 비싼 포트나 쉐리 대용으로 드라이한 와인에 포도 농축 주스나 알코올 등을 첨가하여 생산하였다.

시칠리아를 대표하는 품종은 네로 다볼라(칼라브리제), 그릴로(Grillo), 지빕보(Zibibbo, 판텔레리아섬에서 파씨토의 원재료) 등이 있다. 네로 다볼라는 대중적인 와인부터 명품와인까지 다양한 스타일로 생산이 가능한데, 대중적인 와인의 경우 과일향이 풍부하고 가벼운 스타일로 즐길 수 있는 반면, 명품와인의 경우 진한 블랙체리가 입안 가득히 채우는 느낌을 받을 수 있다. 지빕보는 모스카토 달레산드리아(Moscato d'Alessandria)의 다른 이름으로 뮈스카 패밀리 중 모스카토의 특징을 살펴볼 수 있는 품종으로 은은한 단맛이 일품이다.

5. 이탈리아와인 규정

이탈리아 와인법은 4개의 등급으로 나뉘어져 있다. 가장 최상의 등급인 DOCG의 G는 'Goverment ; 정부' 혹은 'Guarantee : 보증, 약속' 등을 뜻하는 의미로 정부가 품질을 보증한다는 의미로 해석하면 된다.

DOC, DOCG 등급에는 병목에 핑크색, 연두색 등으로 띠가 붙어있으니, 쉽게 확인할 수 있다.

DOCG 등급이 가장 많은 지역은 피에몬테이며, 레드와인으로 유명한 토스카나에는 11개의 DOCG, 41개의 DOC, 6개의 IGT가 있으며, 그 밖의 VdT와 '슈퍼 투스칸'으로 불리는 프리미엄의 VdT도 있다. 끼안띠 지역의 중심인 끼안띠 DOCG와 끼안띠 클라시코 DOCG는 플로렌스(Florence) 사이에 위치해 있다.

그러나 이탈리아와인은 앞서 살펴본 슈퍼 투스칸 와인처럼 등급에 포함되지는 않았지만, 가격과 품질면으로 훌륭한 와인들도 매우 많다. 따라서 와인등급에 너무 얽매이지는 말자.

만약, 이탈리아와인을 구입하고 싶은데, 어떤 정보도 없고 실패하기 싫다면, 핑크색 띠에 검은 수탉의 모양이 보이는 와인을 골라보라.

각각의 등급에서 규정하는 내용은 다음과 같다.

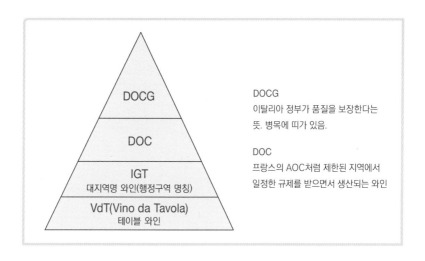

DOCG
이탈리아 정부가 품질을 보장한다는 뜻. 병목에 띠가 있음.

DOC
프랑스의 AOC처럼 제한된 지역에서 일정한 규제를 받으면서 생산되는 와인

표 7-2 · 이탈리아 와인법

D.O.C.G(Denominazione di Origine Controllata e Garantita, 데노미나찌오네 디 오리지네 콘트롤라타 에 가란티타): 원산지 통제 보증 명칭	– 이탈리아 정부가 품질을 보증한다는 뜻으로, 병목 부분에 핑크색 이나 연두색 리본이 붙어 있다. – 5년 이상 DOC 등급을 유지하고, 지명도가 있어야 한다. – 재배방법 및 양조방법 등의 조건을 만족해야 한다.
D.O.C.(Denominazione di Origine Controllata, 데노미나찌오네 디 오리지네 콘트롤라타): 원산 지 통제 명칭	– 재배방법 및 양조방법 등의 조건을 만족해야 한다. – 평판이 뛰어난 DOC는 DOCG로 승급할 수 있다.
I.G.T.(Indicazione Geografica Tipica, 인디카찌 오네 제오그라피카 티피카): 지리적 생산지 표시 테이블 와인	– 프랑스의 뱅 드 빼이(Vin de Pays)와 같은 등급이며, 생산지역에 서 사용하는 전통적인 품종이나 양조방식을 따르지 않은 와인들과 그로 인해 DOC를 받지 못한 와인들이 포함된다. – 생산지명만 표시하는 것과 포도품종과 생산지명을 표시하는 두 가 지가 있다.
Vino da Tavola(비노 다 타볼라)	– 테이블 와인으로서 외국산 포도를 블렌딩하지 못한다. – 레이블에는 로쏘(rosso, 레드), 비앙코(bianco, 화이트), 로사또 (rosato, 로제) 등 와인 색상만 표시한다.

DOC, DOCG는 병목에
등급을 확인할 수 있는
띠가 붙어있다.

구세계국가 와인 – 스페인 & 독일

CHAPTER 8

구세계국가 와인 – 스페인 & 독일

1. 열정의 나라 스페인

플라맹고의 정열과 투우장의 열기를 흠뻑 느낄 수 있는 정렬의 나라, 눈부신 태양과 가뭄으로 나른한 적토(赤土)의 황야가 떠오르는 곳이 바로 스페인이다. 이베리아 반도의 문화와 더불어 그들의 삶과 함께 해온 유구한 역사를 지닌 스페인와인은 실로 놀라울 정도이다.

한때 세계 문명의 중심지였던 스페인와인 산업은 그들의 역사와 고락을 함께 하였다. 로마시대 이전부터 포도를 재배 하였으며, 8세기경 스페인을 정복한 무어인들도 스페인에서 포도를 재배하였다. 필록세라가 프랑스 포도재배지역을 강타하였던 1870년대에는 많은 프랑스 포도재배업자들이 스페인 리오하 지역으로 이주하였다. 이때 스페인 양조자들은 프랑스의 양조기술을 전수받아 스페인와인의 품질향상에 중요한 계기가 되었다.

스페인은 프랑스, 이탈리아와 함께 세계 3대 와인생산국이다. 특히 포도경작지의 규모에서는 세계 최대이다. 스페인와인의 특징은 농도가 진하고 알코올 도수가 높다. 바디감은 있으면서도 전반적으로 부드러운 와인을 생산하고 있다. 그러나 스페인와인은 품질에 대한 인식이 부족하여 벌크와인으로 더 알려졌지만, 현재는 퀄리티와인 생산에 많은 노력을 기울여 벌크와인과 퀄리티 와인이 공존하는 모습을 보이고 있다. 특히 중부와 남부지역은 건조한 기후로 가뭄에 시달리자 1996년 관개시설의 법정 요건이 정해지면서 스페인와인의 질과 양에서 뚜렷한 향상을 이루게 되었다.

1) 스페인 지리적 특징

스페인은 크게 3개의 기후대로 분류할 수 있다. 북서부지역은 온화한 해양성 기후이고, 북동부 해안지역은 지중해성 기후, 스페인 중심부는 대륙성 기후를 보이고 있다.

다양한 기후대를 모두 포함하고 있기에 스페인와인도 전통적인 스타일의 와인부터 가볍게 마실 수 있는 편한 스타일의 와인까지 매우 다양한 모습을 보여주고 있다. 그러나 스페인 와인생산의 가장 큰 숙제는 바로 뜨거운 열기와 물 부족이다. 뜨거운 태양으로 포도나무의 해충 및 진균성 질병에 대해서는 안전하지만, 극심한 물 부족으로 포도나무가 심한 스트레스를 받을 수 있다. 구세계 국가는 관개법이 금지되어 있지만, 스페인의 일부지역은 관개법을 허용하고 있으며, 포도밭의 재식밀도를 낮추어 물 부족을 극복하고 있다.

2) 스페인 포도품종

스페인 토착 품종은 레드와인 품종으로 템프라니요(Tempranillo)이다. 가장 많이 재배되는 것은 아니지만, 고급품종으로 인정받으면서 스페인 북부에서 주로 재배된다. 그 외 가르나차(Garnacha)는 프랑스 남부의 그르나슈(Grenache)와 같은 품종이며, 알코올이 풍부한 특징이 있다. 스페인 스파클링 와인인 까바(Cava)는 마카베오(Macabeo), 빠렐라다(Parellada), 헤렐로(Xarello) 품종을 블렌딩하여 만든다.

① 템프라니요(Tempranillo) : 스페인을 대표하는 품종으로 잘 익은 딸기와 체리향이 매력적인 품종이다.

② 가르나차(Garnacha) : 남부론에서 블렌딩으로 양조할 때 매우 중요한 역할을 하는 품종으로 짙은 색과 높은 알코올, 달콤한 풍미가 특징이다.

③ 모나스트렐(Monastrell) : 열매가 빨리 익는 특성은 템프라니요와 비슷한 성질을 가진 포도로 수년 간 무관심 속에 있었으나, 선명한 과일향과 감미로운 산미를 가지고 있는 스타일의 와인으로 각광을 받기 시작했다. 템프라니요와 주로 블렌딩하는 품종이다. 프랑스 남부론의 무르베드르(Mourvèdre)와 같은 품종이다.

④ 알바리뇨(Albariño) : 갈리시아(Galicia) 산지의 토착품종으로 신선함과 드라이하지만, 풍부하고 감미로운 복숭아 맛을 지니고 있다.

3) 스페인와인 생산지역

스페인 주요 재배지역은 크게 리오하, 리베라 델 두에로, 뻬네데스, 헤레스, 라만차 등이 있다. 특히 리오하와 리베라 델 두에로는 스페인에서 가장 훌륭한 와인을 생산하는 대표적인 지역이다. 각 지역의 특징은 다음과 같다.

표 8-1 · 스페인 지역별 와인 특징

지역명	특징
리오하(Rioja)	– 에브로강을 끼고 있으며 보르도가 필록세라로 피해를 입은 후부터 각광받기 시작한 지역 – 75%가 레드와인으로 템프라니요를 주품종으로 부드러우면서도 과일향이 풍부한 와인을 양조 – 프랑스식으로 양조하며 바리크와 병입숙성을 하여 장기간 보관할 수 있는 와인으로 인정 받음.
리베라 델 두에로 (Ribera del Duero)	– 두에로강을 끼고 있음. – 비교적 짧은 역사를 가진 DO 등급의 지역이지만 스페인 최고의 레드와인의 생산지 – 와인 색이 진하고 파워풀하며 진한 과일(블랙베리 등)의 향이 풍부한 와인을 만듦.

뻬네데스(Penedes)	- 까딸루니아주에 속한 지역으로 까바 생산의 약 95%를 뻬네데 스에서 생산하고 있음.
헤레스(Jerez)	- 스페인의 주정강화 와인인 쉐리와인의 산지
라만차 (La Mancha)	- 세계에서 가장 넓은 포도재배지역으로 단위면적당 생산량이 가장 많은 지역 - 스페인 테이블 와인의 50% 이상을 라만차에서 생산하고 있음. - 주로 화이트와인이 많이 생산됨(레드 : 화이트 = 20 : 80).

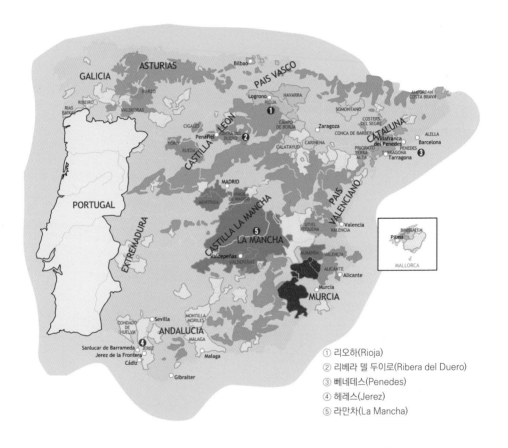

① 리오하(Rioja)
② 리베라 델 두이로(Ribera del Duero)
③ 뻬네데스(Penedes)
④ 헤레스(Jerez)
⑤ 라만차(La Mancha)

4) 스페인 와인등급

와인의 원산지 호칭 사용은 1926년 리오하(Rioja) 지역에서 시작되었으며 1933년에는 헤레스(Jerez) 지역에서 쉐리와인에 사용되기 시작하였다. 그동안 부분적으로 시행되던 원산지 관리규정은 1970년에 개정되어 전국적인 원산지호칭법(Denominaciones de Origen, D.O)이 제정되었다. 그러나 이 법이 제정된 후에도 전국적으로 확대 시행하기까지 상당한 기간이 소요되었으며 스페인이 EU에 가입함으로써 EU 와인관리규정에 따라 프랑스의 AOC규정과 같은 규정을 적용하여 와인에 대한 관리규정이 정비되었다.

1988년에 스페인은 이탈리아의 DOCG등급을 참고하여 DO급보다 우수품질 등급인 DOC등급을 제정하였다. 이 등급은 스페인의 최우수 와인등급으로 현재까지 리오하(Rioja) 지역과 프리오라또(Priorato) 지역에 DOC급을 지정하고 있다. 스페인의 DO규정은 상당히 엄격하여 포도품종선정, 토양, 양조방법, 숙성방법, 최소 알코올 농도, 관능검사 등의 규정을 제정하여 관리함으로써 품질향상을 도모하고 있다.

스페인 리오하 지역에서 생산하는 레드와인에는 숙성에 관한 규정이 있는데, DO급 이상의 와인에 대해 규정에 따라 와인을 유통해야 한다.

표 8-2 · 스페인와인 등급

명칭	조건
Vino de Pago	- 2003년에 새로 도입된 등급으로 스페인 와인등급 중 가장 높은 등급 - DOCa 구역 내 위치한 포도밭 중 가장 뛰어난 단일 포도밭을 등급으로 지정한 것. 2002년 Vino de Pago로 지정된 도미노 데 발데푸사(Domino de Valdepusa), 핀카 엘레스(Finca Elez)를 시작으로 현재 17개의 포도밭이 지정되어 있음.
DOCa (Denominación de Origen Calificada)	- 10년 이상 DO와인으로 인정된 와인 - 라 리오하(La Rioja), 프리오랏(Priorat), 리베라 델 두에로(Ribera del Duero): 이 세 지역이 DOCa로 지정되어 있음.
DO (Denominación de Origen)	- 원산지 명칭와인 - 고급와인이 생산되는 지역으로 명칭, 포도품종, 생산량, 알코올, 숙성기간 등을 통제 - 와인 재배지역이 고급와인을 생산하는 지역으로 최소 5년 이상 알려져야 함.
VCIG (Vino de Calidad con Indicación Geográfica)	- 프랑스의 뱅 드 빼이(Vin de Pay)와 비슷한 등급 - DO보다는 덜 까다롭지만 명성이 있는 와인 생산지역에 부여되는 등급
VdM (Vino de Messa)	- 테이블 와인으로 스페인에서만 생산되었다면 어느 지역이라도 관계없음. - 지역명, 빈티지를 따로 표기하지 않음.

스페인 토로 지역에서 뗌프라니오로 생산하는
마츠(MATSU)와인 시리즈. 마츠는 일본어로 '기다리다'라는
뜻으로, 와인 한 병을 생산하기까지 얼마나 많은 기다림이
필요한지를 비유적으로 표현한 네이밍이다. 레이블에 있는
얼굴은 연령대별 와인메이커의 얼굴로 나이대별로 가격도
올라가며, 와인은 부드러워지고 성숙미를 더 느낄 수 있다.

마츠 시리즈 중 엘 비에호(EL VIEJO)는
노년의 신사 같은 원숙미를 느낄 수 있는
와인이며, 알코올 도수 15%로 매우 높다.
마츠와인은 모두 바이오다이나믹으로
포도밭을 관리하고 있다.

표 8-3 · 스페인 리오하 지역의 숙성기간 표기

등급 표기	특징
비노호벤 (Vino Joven)	– 호벤(Joven)은 어리다라는 뜻으로 갓 빚은 와인을 뜻함. – 통에서 숙성시키지 않고 만든 지 1년 후에 출하
크리안자 (Crianza)	– 양조장에서 최소 2년 숙성 – 레드와인: 오크통 1년/병입 숙성 1년 후 출하 – 화이트&로제: 6개월 간 숙성 후 출하
레제르바 (Reserva)	– 양조장에서 최소 3년 숙성 – 레드: 오크통 최소 1년 이상/ 병입 최소 1년 이상 숙성 후 출하 – 화이트: 최소 6개월 후
그랑 레제르바 (Gran Reserva)	– 양조장에서 최소 5년 숙성 – 오크 숙성 최소 2년 및 병입 후 최소 3년 이상 숙성

파코 그라시아(Paco Gracia)의 와인시리즈

라 엠페라트리즈 레세르바(La Emperatris Reserva)
레제르바를 레이블에서 확인하면 된다. 스페인
와인은 뜨거운 날씨 때문에 알코올 도수가 거의
14% 이상으로 높은 편이다.

2. 우아한 화이트와인의 극치 독일

독일 전체의 포도밭 면적은 10만 헥타르 정도 된다. 보르도 지역의 AOC 포도밭 규모가 11만 헥타르인 것에 비하면 포도밭 규모는 크지 않다. 따라서 자국민의 만족을 위해 오히려 와인을 수입하고 있는 실정이라고 할 수 있으며 수출량은 매우 낮다.

와인생산국 중 가장 북위에 있는 나라로 날씨가 매우 춥다. 추운 기후에서 자란 포도는 나무에 달려 있는 시간이 길어서 산미와 과일향, 섬세한 향이 매우 풍부하다. 또한 숙성기간도 길다. 독일 날씨가 추운 탓에 대부분의 포도밭이 경사도가 매우 가파른 곳에 위치하고 있는 경우가 많는데,

① 모젤-자르-루버(MOSEL-SAAR-RUWER)
② 라인가우(RHEINGAU)
③ 라인헤센(RHEINHESSE)

이는 태양열을 받는 면적을 최대한으로 하기 위한 한 가지 방법이기도 하다. 경사면이 가파르면 가파를수록 태양열을 많이 받고 그늘이 많이 만들어지지 않는다(포도는 좋지만, 수확은 힘들다 → 인건비 상승).

토양은 주로 회색빛의 점판암이 대부분이며, 점판암으로 인한 미네랄 성분이 매우 풍부한 것이 독일와인의 가장 큰 특징이다.

1) 독일 포도품종

독일은 추운 날씨가 특징이다. 따라서 포도품종 역시 추운 날씨를 견딜 수 있는 품종들이며 나무에 열매가 달려있는 시간이 길기 때문에 아로마가 풍부하다.

① 슈페트부르군더(Spatburgunder) : 만생종으로 전체 재배면적의 약 6% 정도를 차지하고 팔츠와 바덴에서 많이 재배된다. 프랑스 부르고뉴에서는 피노 누아라 불리우며 독일에서 레드와인 품종으로는 가장 뛰어나다. 우아하며 풍부한 맛을 지니고 있다.

② 도른펠더(Dornfelder) : 팔츠와 라인헤센 지역에서 가장 많이 재배되는 도른펠더는 1955년에 새롭게 교배된 진한 색을 내는 새로운 품종의 조생종 품종이다. 블랙베리 향이 풍부하며 적당한 산과 타닌이 풍부하다.

③ 리슬링(Riesling) : 추운 지역에서 잘 견디며, 페트롤향과 꽃향이 매력적이다.

④ 실바너(Silvaner) : 오랜 전통 품종으로 독일의 포도품종 중 약 7% 재배량을 보인다. 이 품종은 상쾌한 과일 향의 맛과 신맛을 함께 동반하는 특성을 보이는데 원산지는 오스트리아로 알려져 있다. 그러나 케르너, 쇼이레베, 바쿠스 등의 포도품종들이 상대적으로 늘어나면서 실바너는 지난날 우세하던 영역을 내놓게 되었고 근래 급격하게 재배면적이 줄어들고 있는 형편이다.

⑤ 바이스부르군더(Weissburgunder) : 피노 블랑으로도 불리우며 바디가 강하고 상쾌한 맛을 가지고 있으며 드라이하다. 신선한 산미, 섬

세한 과일의 맛, 그리고 파인애플, 견과류, 살구와 감귤류를 연상시
키는 부케가 복합적으로 잘 융화되어 있다.

⑥ 게뷔르츠트라미너(Gewürztraminer) : 꽃향과 향신료향의 조화가 뛰
어나다.

2) 독일와인 생산지역

독일와인 재배지역은 모두 13개 지역으로 나뉘어져 있다.

13개 지역은 아르(Ahr), 미텔라인(Mittelrhein), 모젤−자르−루버(Mo-sel Sarr−Ruwer), 나헤(Nahe), 라인가우(Rheingau), 라인헤쎈(Rheinhes-sen), 팔츠(Pfalz), 헤시쉐 케르크슈트라세(Hessische−Bergstrasse), 프랑켄(Franken), 뷔르템베르크(Wurttemberg), 바덴(Baden), 잘레 운스트루트(SaaleUnstrut), 작센(Sachsen)이다.

그 중 가장 대중적인 모젤−자르−루버, 명품와인의 대명사 라인가우와
라인헤센이 대표적인 지역이다.

① 모젤−자르−루버(MOSEL-SAAR-RUWER)

모젤강 유역과 그 지류인 자르, 루버 지역은 구불구불하여 고대 로마
시절부터 가장 운치 있는 포도재배지로 알려져 있다. 점판암은 땅의 습
기를 유지시키고 뜨거운 여름에는 낮에 태양열을 간직했다가, 기온이 급
강하하는 밤에 그 열을 다시 발산하는 기능을 수행한다. 석판이 분해되면
땅을 비옥하게 하는 요인이 되는데, 그리하여 이곳은 리슬링을 위한 최적
의 재배지역으로 꼽힌다.

모젤 지역 와인은 생산한지 1~2년 안에 마시는 것이 좋은데 영(young)
할 때 와인의 특성을 잘 표현해 내고 오래되면 특성이 사라진다. 모젤와
인은 음식의 맛을 상승시켜주는 역할을 하기 때문에 점심 또는 저녁 만찬
에 식전주로 적당하다. 또한 모젤와인은 알코올 함유량이 8~10%에 불과
한데 낮은 알코올 함유량이 모젤와인의 특징으로 나타난다.

② 라인가우(RHEINGAU)

라인가우는 베네딕트 수사, 에버바흐 수도원의 수사 그리고 이 고장의 귀족층이 몇 세기 전에 품질관리 규정을 정하여 엄격하게 수행한 결과로 명성을 얻고 있다. 1775년 요하니스베르그에서 우연하게 만들어졌던 슈페트레제(Spätlese)는 독일와인의 명성을 펼쳤고 보트리티스 와인의 시초가 되었다. 이 지역은 라인강을 남쪽으로 바라보며 동서로 돌아가는 30km 구간에 위치한 대부분 포도원이 모두 햇볕을 잘 받을 수 있는 남향으로 되어 있는 언덕 지형에 위치하고 있다.

③ 라인헤센(RHEINHESSE)

이 지역은 독일에서 가장 큰 와인 생산지역이며 라인강이 보름스에서 마인츠로, 다시 빙겐으로 흐르면서 ㄱ자로 꺾기는 지대를 1,000개의 언덕이 있는 강기슭이라 부른다. 서쪽으로 나헤강, 북쪽과 동쪽으로는 라인강으로 경계되어 있다.

3) 독일와인 등급

독일의 와인등급은 포도의 숙성정도에 따라 나뉘어진다. 우선, 1971년 제정된 독일법에 따라 타펠바인(Tafel wein)과 크발리테츠바인(Qualitätswein)이 있다.

① 타펠바인(Tafel wein)

테이블 와인으로 레이블에 포도원 이름이 표시되지 않는다.

② 크발리테츠바인(Qualitätswein)

고급와인으로 쿠베아(QbA)와 프레디카츠바인(Prädikatswein)으로 나뉜다. 프레디카츠바인은 품질, 가격, 수확시기, 당도 등에 따라 카비넷, 슈페트레제, 아우스레제, 베렌아우스레제, 트로켄베렌아우스레제로 구분되고 있다.

특히, 가장 늦게 수확하는 아이스바인(Eiswein)은 수확시기에 포도를

수확하지 않고, 일교차가 영하 8~10도가 될 때까지 기다려, 포도가 얼면
새벽 2~4시까지 빠르게 손 수확한 후 곧바로 압착하여 당분만 추출하여
생산하는 스위트와인이다. 트로켄베렌아우스레제가 귀부병에 걸린 포도
로 만든 스위트와인이라면, 아이스바인은 얼 때까지 기다린 포도를 수확
하여 만든 스위트와인이다.

표 8-4 · 프레디카츠바인(Prädikatswein) 등급

등급 명칭	설명
카비넷(Kabinet)	정상적인 시기에 수확
슈페트레제(Spätlese)	Late-harvest와 같은 의미. 늦게 수확했기 때문에 단맛이 좀 더 강하고(Semi-sweet), 풍미도 깊음.
아우스레제(Auslese)	'선택된'이란 뜻으로 잘익은 포도들 중에서 특별히 선별하여 수확한 포도로 만든 와인
베렌아우스레제 (Beerenauslese: BA)	일일이 하나씩 딴 포도란 뜻으로 귀부병에 걸린 포도송이에서 포도알을 하나씩 따서 만듦. 베렌아우스레제는 대체로 10년에 2~3번 밖에 생산되지 않음.
트로켄베렌아우스레제 (Trockenbeerenauslese: TBA)	완벽하게 보트리티스에 감염된 포도로만 생산
아이스바인(Eiswein)	영하 8~10도가 될 때까지 포도를 수확하지 않고, 포도가 얼면 즉시 수확하여 곧바로 압착하여 단맛이 농축되어 있는 스위트와인

독일우수와인생산자협회

독일우수와인생산자협회 : VDP, Verband Deutscher Prädikats Weinguter

1910년에 설립된 VDP는 생산자 - 떼루아 - 품질의 연관성을 강조하는 수준 높고 정직한 와인협회로 독일와인산업에 높은 표준을 제시하여 왔다.

독일 전체 13개 와인 생산지역의 1만여 와이너리 중 약 200여 개의 와인 생산자들로 구성되어 있으며, 1926년부터 포도송이를 물고 있는 독수리 로고를 사용하기 시작했고, 1982년부터는 모든 VDP와인에 반드시 이 로고를 사용할 것을 의무화하였다. 만약 독일와인을 구입하는데, 병목부분에 이 마크가 있다면 믿고 구입하라.

그러나 시대의 변화에 따라 VDP도 좀 더 세분화하여 품질관리를 해야 한다는 의견들이 분분하여 2012년 새로운 등급제도를 제시하였다. 프랑스의 부르고뉴 등급체계처럼 지역-마을-밭으로 나누어 품질을 관리하고 있다.

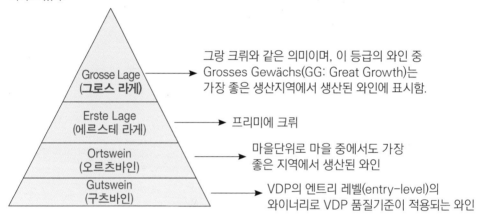

- Grosse Lage (그로스 라게) → 그랑 크뤼와 같은 의미이며, 이 등급의 와인 중 Grosses Gewächs(GG: Great Growth)는 가장 좋은 생산지역에서 생산된 와인에 표시함.
- Erste Lage (에르스테 라게) → 프리미에 크뤼
- Ortswein (오르츠바인) → 마을단위로 마을 중에서도 가장 좋은 지역에서 생산된 와인
- Gutswein (구츠바인) → VDP의 엔트리 레벨(entry-level)의 와이너리로 VDP 품질기준이 적용되는 와인

트로피 와인 심사위원으로 베를린을 방문했을 당시, 1964빈티지, 1976빈티지, 1983빈티지의 매우 귀한 리슬링을 시음할 수 있었다. 수십 년이나 지났지만, 꿀향, 꽃향, 페트롤향의 환상적인 조화와 입안에 남아있는 달콤함이 아직도 맴돈다. 코르크에 붙은 하얀 찌꺼기 같은 것은 숙성이 잘 되었음을 보여주는 크리스탈(주석산염 덩어리)이다.

CHAPTER 9

신세계국가 와인

CHAPTER 9

신세계국가 와인

1. 와인을 향한 끊임없는 도전정신의 미국와인

미국은 1848년 골드러시를 겪으면서 인구가 늘어나고, 사회적으로 많은 변화를 가져왔다. 그러나 와인의 역사는 1919~1933년 금주령이 내려지면서 긴 터널의 침체기에 들어섰다. 1933년 금주법은 폐지되었으나 약 30년 동안 와인에 큰 관심을 두지 않다가, 1960년 후반부터 와인의 품질향상에 힘을 쏟는 와인메이커들이 등장하면서 성장에 가속을 붙이기 시작했고, 급기야 1976년 프랑스와의 블라인드 와인 테이스팅 대결(파리의 심판, 17p. 참고)에서 레드와인과 화이트와인 모두 미국와인이 우승을 차지하면서 미국와인에 대한 평가와 품질은 놀라울 정도로 성장하였다.

1980년대에 들어서도 와인산업은 급성장하였고, 전통과 명성은 유럽을 따라갈 수 없지만, 맛은 큰 차이가 없다는 자부심과 함께 미국와인만의 스타일을 만들어가며 도전정신을 불태우고 있다. 1970년대까지만 하더라도 화이트와인이 많이 소비되었으나, 1990년 CBS에서 '프렌치 패러독스'를 방영한 이후 레드와인의 소비가 급증되었다

1) 미국의 지리적 및 토양 특징

미국와인의 90%는 캘리포니아에서 생산된다. 캘리포니아는 이상적인 기후조건을 갖추고 있는 지역으로 풍부한 자본과 우수한 기술을 바탕으로 세계적인 와인을 생산하고 있는 지역이다.

1960년대 이후부터 본격적으로 와인생산에 노력을 기울이기 시작한 미국은 구세계국가들처럼 떼루아에 치중하기보다는 기술력에 더 많은 힘을 쏟고 있다. 특히 생산량이 가장 많은 캘리포니아는 포도가 익는 계절에 강우량이 적다. 이런 점은 관개수로 혹은 스프링 클러 등의 사용으로 극복해가며 포도를 재배하고 있다.

미국 캘리포니아의 관개시설

2) 재배 포도품종

신세계국가인 미국은 우리가 알고 있는 대부분의 포도품종이 재배되고 있다.

청포도 품종은 특히 샤르도네, 소비뇽 블랑이 대표적이다. 프렌치 콜롬바, 말바지아 비앙카, 뮈스카 알렉산더 등과 같은 품종은 주로 블렌딩으로 사용된다. 특히, 샤르도네를 좋아하다가 질려버려 ABC클럽까지 만들었던 미국인들이 소비뇽 블랑으로 눈을 돌리기 시작했고, 소비뇽 블랑을 오크 숙성하여 샤르도네 느낌을 내는 스타일의 와인을 선호하면서, 소비뇽 블랑은 퓌메 블랑이라는 애칭으로도 불리고 있다.

적포도 품종은 까베르네 소비뇽, 메를로, 진판델, 피노 누아가 대표적이다. 서늘한 기후를 사랑하는 피노 누아는 캘리포니아주에서도 생산되지만, 그보다는 오리건주와 워싱턴주의 피노 누아가 더 독보적이다.

Eureka

SHASTA

HUMBOLDT

Goose Lake

TEHAMA

GLENN

❸ MENDOCINO

POTTER VALLEY

BUTTE

DERSON VALLEY

COLUSA

YUBA

CLEAR LAKE

MCDOWELL VALLEY

LAKE

SUTTER

GUENOC VALLEY

PLACER

EL DORADO

YOLO

Sacramento

❷ SONOMA

❶ *NAPA VALLEY*

SONOMA

NAPA

SACRAMENTO

FIDDLETOWN

SHENANDOAH VALLEY

AMADOR

MARIN

Clear Lake

SOLANO

❹ *LODI*

CALAVERAS

CARNEROS

CONTRA COSTA

Stockton

Lake Tahoe

San Francisco

Oakland

SAN JOAQUIN

Modesto

LIVERMORE VALLEY

SAN MATEO

San Jose

STANISLAS

SANTA CRUZ MOUNTAINS

SANTA CLARA

MERCED

MADERA

SANTA CLARA VALLEY

Mono Lake

SANTA CRUZ

FRESNO

SAN YSIDRO

Salinas

MOUNT HARLAN

Monterey

SANTA LUCIA HIGHLANDS

Fresno

CARMEL VALLEY

CHALONE

SAN BENITO

ARROYO SECO

MONTEREY

SAN LUCAS

TULARE

KING'S

❺ *PASO ROBLES*

YORK MOUNTAIN

SAN LUIS OBISPO

Bakersfield

EDNA VALLEY

KERN

ARROYO GRANDE

SANTA MARIA VALLEY

SANTA BARBARA

SAN BERNARDINO

SANTA RITA HILLS

SANTA YNEZ VALLEY

VENTURA

LOS ANGELES

Santa Barbara

Pasadena

San Bernardino

TEMECULA

Riverside

Los Angeles

ORANGE

RIVERSIDE

SAN PASQUAL VALLEY

SAN DIEGO

Salton Sea

San Diego

① 나파(Napa)
② 소노마(Sonoma)
③ 멘도치노(Mendocino)
④ 로디(Lodi)
⑤ 파소 로블스(Paso Robles)

3) 생산지역 특징

신세계국가들의 가장 큰 특징은 와인에 대한 까다로운 등급 혹은 규정이 없다는 것이다. 이는 떼루아를 강조하여 와인을 생산하기보다는 기술력에 집중하기 때문이다. 그렇다고하여 품질에 대한 관리를 하지 않는 것은 아니다.

미국은 AVA 제도(American Viticultural Areas)를 도입하여 관리하고 있는데, AVA는 '미국 정부 승인 포도재배지역'이란 뜻으로 연방 정부에 승인되고 등록된 주 혹은 지역 내에 속하는 특정 포도재배지역을 말한다.

AVA 지정은 1980년대부터 시작하였다. 구세계국가의 지역별 관리 제도를 표본으로 만든 제도이다. 프랑스 보르도의 경우 AOC라는 원산지 표시 제도가 있다면, 미국의 AVA는 각각의 주에서 승인된 포도재배지역을 말한다. AVA 승인을 받았다고 하여 품질이 보증되는 것은 아니지만, 유명한 포도재배지역 및 와인 생산지역이라는 것을 표시해주는 제도이기 때문에 원산지에 대한 이해에는 도움을 준다. 현재 236개의 AVA 지역이 있으며, 나파밸리, 소노마카운티, 멘도치노는 대표적인 AVA 지역이다.

4) 미국와인의 레이블 표기

미국와인은 레이블 표기할 때, 품종사용 비율 및 빈티지에 따라 표기법을 정하고 있다.

① 주(州) 명칭 표시 : 해당 지역에서 생산된 포도품종 사용량을 표시하며, 사용량은 주마다 다르다.
  - 연방법: 주 내에서 수확된 포도 사용: 75%
  - 캘리포니아주 및 워싱턴주(2009년 빈티지까지): 100%
  - 워싱턴주(2010년 빈티지부터): 95%
  - 오리건주(2010년 빈티지부터): 95%

② 카운티(County) 명칭 표시

카운티에서 수확된 포도 사용: 75%

다중 카운티를 표시할 경우 비율을 레이블에 기재할 것(단, 3지역까지).

③ AVA 표시

AVA 내에서 수확된 포도를 사용: 85%

④ 포도밭 표시

특정 포도밭에서 수확된 포도를 사용: 95%

5) 미국와인의 스타일

① 제네릭 와인(Generic Wine) : 품종을 쓰지 않고, 스타일만을 표시
하는 와인으로 여러 가지 품종을 블렌딩해서 양조

② 버라이어탈 와인(Varietal Wine) : 품종을 기재한 고급와인

③ 메리티지 와인(Meritage Wine) : Merit + Heritage을 조합한 단어로
미국에서 보르도 스타일로 만든 와인을 말한다. 즉 보르도 블렌딩
으로 와인을 양조하며, 해당 와이너리가 생산하는 최고의 와인을
뜻하기도 한다.

컬트와인(Cult Wine)

오래 전부터 컬트와인(Cult Wine)이라 불리는 와인들이 있으나 많은 양이 있는 것은 아니다. 이 와인들의 명성은 와인 애호가들 사이에서 은밀히 알려져 있으며 해당 국가에서만 국한되어 알려진 희귀 와인이었으나, 상업적 영향으로 이제는 국제적으로 알려진 와인이 되었다. 이에 따라 증가되는 수요는 가격을 상승시켰다.

컬트와인이 상업화되기 시작하면서 엄격하게 최고의 포도원에서 최고의 포도만을 골라서 생산하여 작은 수량만이 손수 만들어지는 와인이다. 와인메이커의 입장에서는 도전해 볼만한 수공 걸작품이 되었다. 주로 레드와인을 생산하고 있으며, 최고의 오크통을 사용하여 가장 신중하게 만들게 되는 와인인 것이다.

컬트와인이 시초이자, 가라쥐 와인인 프랑스 보므롤 지역의 샤또 르 팽(Château Le Pin)이다. 1979년까지 이 와인은 벌크로 판매되던 와인이었다. 그러나 소유주 Jacques Thienport가 첫 번째 와인 레이블을 시장에 내놓으면서 주요 와인 평론가들로부터 극찬을 받으면서부터 알려지게 되었다.

이 당시 소개된 와인은 1982년 샤또 르 팽(Le Pin)으로 100% 메를로 포도품종을 이용하여 2헥타르의 조그만 면적에서 극소량 얻게 된 와인이었던 것이다. 이때 병당 가격은 1600불로 심지어 샤또 페트뤼스에 버금가거나 더욱 높은 가격으로 올라갈 만큼 매력적인 와인이었던 것이다.

그 후 컬트와인은 좀 더 구체화된 카테고리로 보르도에서부터 시작하여 부르고뉴, 이탈리아 그리고 미국에서까지 개발되기 시작하였다.

최근 들어서는 호주의 바로사 벨리에서도 컬트와인이 등장하였다. 약 10년 전부터 알려져 왔던 Torbreck 와 Three Rivers 등과 같은 이름들은 호주의 최고급 와인들인 펜폴즈 그랜지(Penfolds Grange)와 헨쉬케 힐오브 그레이스(Henschke Hill of Grace)들보다 훨씬 더 높은 가격에 판매되고 있다.

호주의 빅토리아에서는 Wild Duck Creek이 높은 가격에 판매되고 있으며 Giaconda, Bass Phillip Pinot Noir는 부르고뉴의 피노 누아를 압도할 정도이며 Mount Mary를 얻기 위해서는 오랜 기간 기다려야 할 것이다.

고급와인 전문 딜러들은 이러한 와인들에 극도의 관심을 가지고 있으며 새로운 와인 스타가 나타나는 것에 촉각을 곤두세우고 있기도 하다.

그렇다면 최상급의 와인을 만들기 위해서는 어떠한 요소들이 필요할 것인가?

이러한 조건을 위해 와인을 만들기에는 많은 복합적인 요소들이 있으나 간단하게 설명한다면 아래와 같다.

① 높은 품질
② 전문가들의 평
③ 수상경력(각종 와인 경연대회)
④ 한정된 수량
⑤ 최고의 빈티지
⑥ 경매의 높은 가격
⑦ 와인의 이미지와 평판

전 세계적으로 알려진 훌륭한 와인들은 제한된 빈티지, 생산면적 그리고 생산수량으로 한정되어 있다.

훌륭한 와인 맛을 경험하고자 하는 와인 애호가들 사이에서 컬트와인은 충분히 관심거리가 된다. 한정된 수량만 생산됨으로써 선택된 일부 와인 애호가들만이 구매할 수 있다는 컬트와인은 이젠 전세계적으로 알려져 있다. 컬트와인을 맛보려는 사람들의 수는 더욱 늘어나고 있으며 그에 따라 와인 가격도 계속해서 올라가고 있는 추세이다.

와인메이커에게 있어서도 컬트와인의 범주에 들어갈 수 있는 와인을 만드는 도전에 충분히 매력적인 부분이 있다. 와인 애호가들 또한 선택된 일부에게 맛보여질 수 있는 데에서 더욱 더 큰 만족감을 얻고자 한다. 그러나 이러한 컬트와인들이 더욱 상업적으로 발전하게 될까 우려하는 의견들도 있다.

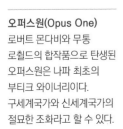

오퍼스원(Opus One)
로버트 몬다비와 무통
로칠드의 합작품으로 탄생된
오퍼스원은 나파 최초의
부티크 와이너리이다.
구세계국가와 신세계국가의
절묘한 조화라고 할 수 있다.

2. 새로운 대륙의 발견 칠레

칠레는 남북 간의 국토 길이가 약 5,000km, 동서 간의 국토 길이는 약 150km로 세로로 매우 긴 나라이다. 안데스 산맥과 해안 산맥 사이에 끼어있는 고원과 평야로 되어있으며, 산, 사막, 빙하, 바다, 화산 등 모든 것이 있는 나라이다.

기본적으로 까베르네 소비뇽과 메를로 등의 보르도 품종이 주를 이루고 있다. 단일 품종으로 생산하는 경우도 있고, 보르도와 유사한 양조방법(블렌딩)으로도 생산하고 있다. 날씨가 매우 뜨겁고 건조한 탓에 진한 과실미와 풍부한 타닌이 매력적인 와인들을 많이 생산하고 있다.

1) 칠레와인 규정

1967년부터 포도밭의 지역별 구분과 면적제한을 실시하였고, 1995년 이전까지는 품종에 대한 규정만 있었다(해당 품종 85% 이상).

1995년 원산지 통제명칭제도(Denominacions de Origen, DO)를 새롭게 정비하면서 다음과 같이 와인이 구분되었다. DO제도를 엄격하게 규정하지는 않지만, 레이블에 표기하면서 지속적으로 소비자들에게 노출시키고 있다.

테이블 와인(Vino de Mesa) : 품종, 품질, 빈티지 표시 불가
원산지 표시 와인 : 칠레에서 병입된 것(지역포도, 해당연도, 품종 75% 이상).
산지 표시 와인(Estate Bottled) : 산지 내 위치
숙성기간 표시 : Gran resereva, Gran Vino, Resereva, Resereva Especial, Resereva Privada, Selection, Superior 등으로 표기(그러나 숙성기간의 표시는 특별한 규정 없이 회사별로 사용하고 있으므로 소비자 입장에서는 신경써서 잘 만든 와인이라고 해석하면 됨.)

그러나 칠레와인의 레이블에 원산지, 품종, 빈티지를 표기하려면 다음과 같은 조건을 만족해야 한다.

- 해당 원산지의 품종 75% 이상
- 해당 품종 75% 이상
- 해당 빈티지 75% 이상

* 블렌딩한 와인의 경우 3가지 품종까지 표기가 가능하며, 각 품종을 최소 15% 이상 사용해야 한다.

2) 칠레의 지리적 및 토양 특징

칠레는 지중해성 기후로 겨울에 비가 내리며 여름은 다소 건조하고 일조량이 매우 풍부하다. 또한 약 20도의 일교차와 포도 성장 기간에 거의 비가 오지 않아 완숙한 포도를 수확할 수 있다. 또한, 필록세라의 피해로부터 안전하여 일정한 품질의 와인평가를 받았으며, 친환경적인 포도재배가 가능하다. 연간 380mm의 적은 강우량으로 인해 안데스 산맥의 청정수를 활용한 관개시설로 가뭄을 극복하고 있다.

3) 재배 포도품종

칠레는 포도가 자랄 수 있는 뛰어난 자연조건으로 인해, 수확량이 매우 풍부하다. 또한 원하는 재배품종은 거의 모두 재배하고 있다. 그러나 북쪽은 안데스 산맥과 연결되어 있고, 남쪽은 남극과 거의 맞닿아 있어 기후에 따라 재배되는 품종이 다르다.

청포도 품종의 경우 소비뇽 블랑, 샤르도네, 세미용 순으로 생산량이 많으며 적포도 품종의 경우 까베르네 소비뇽, 메를로, 까르미네르 순으로 많다.

까르미네르와 메를로의 혼동으로 아직까지도 어떤 품종이었는지 밝혀지지는 않았지만, 칠레에서는 까르미네르를 주력 품종으로 육성하고 있다.

4) 와인 재배지역

길게 뻗어있는 칠레의 재배지역은 아콩카구아 지구, 센트럴 밸리, 남부지구로 크게 세 지역으로 구분된다.

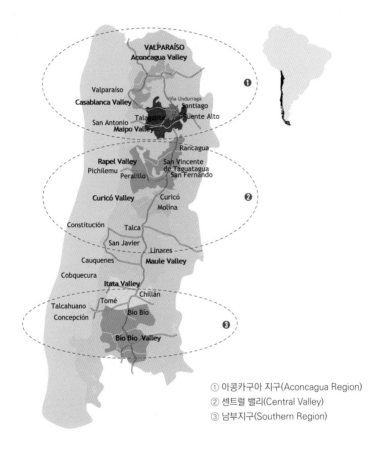

① 아콩카구아 지구(Aconcagua Region)
② 센트럴 밸리(Central Valley)
③ 남부지구(Southern Region)

① **아콩카구아 지구**(Aconcagua Region)

안데스 산맥과 인접해 있으며 지중해성 기후이다. 연간 240~300일의 청정한 날씨로 여름에는 일교차가 20도에 달한다. 아콩카구아에 속해 있는 카사블랑카 밸리(Casablanca Valley)에서는 소비뇽 블랑, 샤르도네, 피노 누아가 매우 유명하다.

칠레 아콩카구와 밸리

② 센트럴 밸리(Central Valley)

칠레의 와인 생산지역 중에서 가장 중요한 지역이다. 이곳은 까베르네 소비뇽, 메를로, 까르미네르를 생산하는 최고의 산지이자, 칠레와인의 90%가 센트럴 밸리에서 생산된다. 센트럴 밸리에서는 단일품종뿐만 아니라 보르도 스타일의 블렌딩 와인도 생산되고 있다.

칠레와인의 대명사 몬테스 알파(MONTES ALPHA). 몬테스 알파의 블랙라벨로 'Special Cuvée'로 생산한 까베르네 소비뇽. 칠레도 DO제도를 도입하여 원산지 관리를 하고 있다.

몬테스, 알파 엠(Montes, Alpha M) : 몬테스 알파의 프리미엄급으로 보르도 블렌딩으로 양조하였다. 훌륭한 밸런스와 풍부한 타닌감과 우아한 맛으로 인해 세계물포럼, APEC 정상회담 등 각국의 정상들의 만찬 때 종종 등장하는 와인이다.

③ 남부지구(Southern Region)

칠레에서 새롭게 개발된 산지로 비오비오 밸리(Bio Bio Valley)와 이따따 밸리(Itata Vallry) 등 서늘한 기후대를 형성하고 있다. 남부지구에서는 관개수로가 필요치 않으며 리슬링과 게뷔르츠트라미너와 같은 아로마가 풍부한 화이트와인 생산이 적합한 곳으로 개발되고 있다.

3. 와인을 향한 열정의 나라 아르헨티나

남미대륙에서 두 번째로 큰 나라이지만 와인생산지에 있어서는 칠레 와인의 일부로만 인식되어 왔다. 아르헨티나 와인 소비는 주로 국내에서 이루어졌지만, 1885년 부에노스아이레스~멘도자 사이의 철도가 개설되면서 와인시장의 규모가 커졌다.

1977년 와인산업이 고조에 달했을 무렵에는 35만 헥타르가 넘는 포도밭들이 있었지만, 인플레이션이라는 경제적 타격을 입은 후 와인산업도 침체기에 들어섰다. 그러나 1980년 이후 정치와 경제가 안정을 찾기 시작하고, 1990년 후반부터 칠레인들이 다방면의 투자를 시도하면서 아르헨티나와인도 새로운 성장가도를 달리고 있다.

① 살따(Salta)
② 산 후안(San Juan)
③ 멘도자(Mendoza)

1) 아르헨티나의 지리적 및 토양 특징

아르헨티나도 칠레와 함께 필록세라의 피해를 입지 않은 지역이다. 이는 사막과 같은 따가운 햇볕으로 포도밭의 병충해 발생이 없고, 300일이 넘는 청명한 날씨 덕에 훌륭한 산지의 여건을 모두 갖추고 있다. 강우량 은 연간 200~250mm로 매우 적지만, 안데스 산맥을 활용한 훌륭한 관개시설로 극복하고 있다.

2) 재배 포도품종

아르헨티나와인의 400년 역사와 함께 성장하고 있는 대표적인 품종이 말벡이다. 프랑스 보르도에서는 말벡의 재배면적이 점차 줄어들고 있지만, 아르헨티나에서는 국민품종으로 사랑받고 있다. 말벡 외에도 까베르네 소비뇽, 메를로, 쉬라도 재배되고 있으며 또론떼스, 뮈스까를 활용하여 드라이 화이트와인을 생산하고 있다.

3) 생산지역

① 살따(Salta)

전체 와인 생산의 약 2% 정도 차지하지만, 가장 오래된 산지이며 세계에서 가장 높은 위치에 포도밭이 있다. 토양은 사토와 자갈이 많아 배수가 잘된다. 품질 좋고 역사가 오래된 와이너리들이 많다.

② 산 후안(San Juan)

아르헨티나에서 두 번째로 큰 포도재배지역이며 산 후안 강으로부터 물을 얻는다. 멘도자의 바로 북쪽에 위치하고 있어 매우 건조하고 산악지대에서 포도가 재배된다.

③ 멘도자(Mendoza)

안데스 산맥 고도 600m의 구릉지에 흩어져 있다. 전국의 70%를 차지하는 최대산지이며, 대부분의 고급와인은 멘도자에서 생산되고 있다.

4. 호주

1788년 뉴 사우스 웨일즈(New South Wales)의 초대 총독이 포도밭을 조성하여 와인 생산이 시작되었다. 초기엔 대부분이 포트와인과 쉐리와인 스타일의 주정강화 와인이 생산되었으나, 1820년대부터 상업용 와인을 생산하기 시작했다.

호주의 와인양조와 유럽의 양조를 비교한다면, 유럽의 퀄리티 와인은 떼루아나 원산지를 드러내는 것에 강한 애착을 나타내고 있다. 그러나 호주(신세계 국가)의 와인은 원산지보다는 양조기술을 이용하여 와인을 생산하는 데 목표를 두고 있다. 꾸준한 품질향상과 노력으로 인해 20세기 말부터는 퀄리티 와인생산국으로서 점차 인정받고 수출량도 꾸준히 증가하고 있는 추세이다.

1) 호주의 지리적 및 토양 특징

호주는 전체적으로 지중해성 기후이지만, 와인 생산에 적합한 토양은 아니다. 따라서 떼루아의 단점을 극복하고자 관개수로를 적극적으로 활용하고 있다. 가장 많은 와이너리가 밀집되어 있는 남동부지역은 빈티지에 따라 와인의 품질이 거의 차이가 나지 않는 균일한 품질의 와인을 생산하고 있다.

2) 재배 포도품종

호주를 대표하는 품종을 말하라면 망설임 없이 쉬라즈(프랑스에서는 시라, Syrah, 호주에서는 쉬라즈, Shiraz)이다. 까베르네 소비뇽이 나무향이 난다면 쉬라즈는 매운 향이 난다. 스파이시(Spicy)하다고 많이 표현하는데 후추향과 민트향의 느낌이다. 까베르네 소비뇽처럼 타닌이 풍부한데다가 자극적인 향이 잘 어우러져 굉장히 풍성한 느낌의 포도품종이 쉬라즈이다.

쉬라즈의 색은 와인 포도품종 중 가장 진한 색을 띤다. 기존에 와인이 붉은빛이 많다면 쉬라즈는 아주 진한 자줏빛이 돈다. 따라서 쉬라즈는 어떤 기후에서 자랐느냐에 따라 차이를 보인다.

간혹, 호주 와인 레이블에 'GMS'라고 표기된 경우를 볼 수 있는데, 이는 그르나슈(Grenache), 무르베드르(Mourvedre), 쉬라즈(Shiraz)를 블렌딩했다는 뜻인데, 주로 프랑스 남부론의 블렌딩 비율을 호주에서도 많이 사용하고 있다.

그 외 재배되는 품종은 적포도 품종은 까베르네 소비뇽, 메를로, 피노 누아, 루비 까베르네, 그르나슈, 마타로(Mataro : 무르베드르), 까베르네 프랑이며, 청포도 품종은 샤르도네, 세미용, 리즐링, 소비뇽 블랑 등이 있다.

짐베리 랏지 힐 쉬라즈(JIM BARRY LODGE HILL SHIAZ) 호주에서는 코르크로 인한 와인 불량이 문제가 되어 스크류캡으로 와인마개를 많이 사용하고 있다. 랏지 힐 쉬라즈는 쉬라즈를 상징하는 보라색으로 스크류캡을 디자인하였다. 이처럼 와인병만 유심히 봐도 특징을 눈치챌 수 있을 것이다.

3) 생산지역

고급와인 생산지역의 상당수가 수 세기 동안 확립되어 있던 유럽에 비하면, 호주의 와인 생산지역은 캘리포니아와 마찬가지로 비교적 젊다. 호주의 와인생산지는 크게 네 지역으로 나눠볼 수 있다.

① 뉴 사우스 웨일즈(New South Wales)
② 빅토리아(Victoria)
③ 남호주(South Australia)
④ 서호주(Western Australia)

① **남호주**(South Australia)

남호주는 애들레이드 주위를 둥글게 에워싸고 있으며 애들레이드 힐스, 바로사 밸리, 에덴 밸리, 클레어 밸리, 쿠나와라, 패서웨이, 맥라렌 베일 등을 포함하고 있다.

현재 호주와인의 절반 이상이 이 주에서 생산되는데 호주 최고의 까베르네 소비뇽과 쉬라즈, 샤르도네, 리슬링, 세미용 등이 포함된다.

② **뉴 사우스 웨일즈**(New South Wales)

뉴 사우스 웨일즈는 헌터 밸리, 머지, 리베리나가 속해 있으며, 남호주에 이어 호주에서 두 번째로 중요한 와인 생산지역이다. 그 중에서도 헌터 밸리는 호주 최초의 와인 지역으로 샤르도네 품종으로 고급와인을 생산해내는 곳으로 잘 알려져 있다.

최근에는 세미용이 숨겨진 보석 같은 품종으로 주목 받고 있는데, 특히 5~10년 이상 숙성시키면 놀라운 변화를 보여주어 그 품질을 인정받고 있다.

③ 빅토리아(Victoria)

빅토리아는 호주 본토 와인생산지 중에서 규모가 가장 작고 남쪽에 있다. 빅토리아보다 더 규모가 작고 더 남쪽에 있는 것은 우수한 피노 누아가 생산되는 것으로 알려진 태즈매니아 섬뿐이다. 멜버른 시에서 부채 모양으로 펼쳐진 와인 구역에는 약 600여 개의 와이너리들이 펼쳐져 있다. 빅토리아의 와인 지역은 기후와 지형, 토양이 매우 다양하다.

야라 밸리와 질롱, 모닝턴 페닌슐라 등은 바다와 가까우며 샤르도네와 피노 누아가 번성할 수 있을 만큼 충분히 서늘하다. 더 내륙 쪽에 있는 따뜻한 골짜기들은 까베르네 소비뇽과 쉬라즈로 유명하며 빅토리아의 동남부에 위치한 루더글렌과 글렌로완에서 양조되는 매력적이고도 달콤한 스위트와인은 빅토리아의 특산품으로 손꼽힌다.

④ 서호주(Western Australia)

호주의 마지막 와인 산지인 서호주는 호주 대륙의 동남부 와인양조 중심지에서 4,828km나 떨어진 곳에 있다. 마가렛 리버, 펨버튼, 퍼스 힐스, 스완 밸리 등의 지역이 있으며, 가장 유명한 와인 지역은 마가렛 리버이다. 인도양 쪽으로 팔꿈치가 툭 튀어나온 듯한 바람받이 구역에 자리한이 곳은 청명한 까베르네 소비뇽으로 잘 알려져 있다.

이곳은 또한 해안 지방이라는 위치와 자갈 토양의 결합으로 보르도와 유사한 조건을 상기시켜 까베르네 소비뇽과 메를로, 세미용과 소비뇽 블랑과 같은 보르도의 품종을 재배하게 되었으며, 그 밖에도 호주 최고의 와인 가운데 하나로 손꼽히는 샤르도네 생산지로도 잘 알려져 있다. 양조용 포도뿐만 아니라 테이블 포도로도 유명한 곳으로 주로 달콤한 와인이나 주정강화 와인을 생산하던 곳이다.

5. 뉴질랜드

뉴질랜드는 19세기 후반부터 포도나무를 재배하기 시작했다. 특히 주요 생산지역 중 하나인 말보로(Marlborough) 지역에서는 1973년에 처음 포도나무가 심어졌다. 역사만 보더라도 뉴질랜드는 아직 와인생산국으로서 이미지를 다지고 있는 시기라고 할 수 있다. 그러나 최근 들어 북미와 호주시장을 개척하고 소비뇽 블랑 품종이 드라마틱한 성공을 거두면서 와인산지로서 잠재력과 성장 가능성을 동시에 보여준 나라이기도 하다.

1) 뉴질랜드의 지리적 및 토양 특징

뉴질랜드는 두 개의 섬으로 이루어져 있는 해양성 기후이다. 해양성 기후는 서늘하고 습한 기후로 뉴질랜드에서도 강우량이 많아 포도재배의 문제점이라고 할 수 있다.

뉴질랜드에서 가장 햇볕이 잘 드는 지역은 남섬의 말보로 지역이다.

2) 재배 포도품종

뉴질랜드가 와인생산지로서 이름을 알리기 시작한 품종이 바로 소비뇽 블랑이다. 소비뇽 블랑은 프랑스 루아르 밸리가 원산지이고, 루아르 밸리의 소비뇽 블랑은 미네랄이 풍부한 것이 특징이었다. 그러나 뉴질랜드에서는 독특한 풀향이 나면서 상큼한 향이 아주 매력적이다.

현재 뉴질랜드 소비뇽 블랑은 소비뇽 블랑의 교과서라고도 하며, 전세계의 벤치마킹 대상이 될 정도로 각광받고 있다.

그 외에 재배가 까다로운 피노 누아도 성공을 거두어 점차 생산량을 늘려가고 있다.

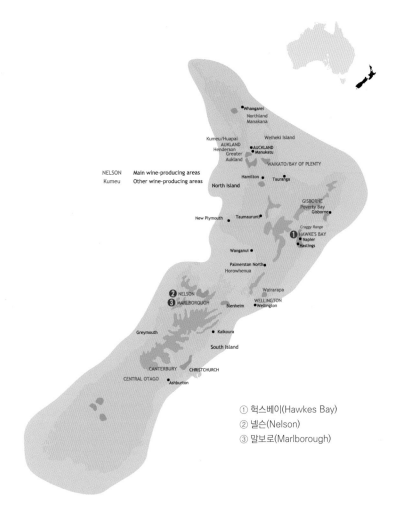

NELSON — Main wine-producing areas
Kumeu — Other wine-producing areas

① 헉스베이(Hawkes Bay)
② 넬슨(Nelson)
③ 말보로(Marlborough)

3) 생산지역

뉴질랜드는 크게 북섬과 남섬 두 개로 이루어져 있다. 말보로, 헉스베이, 기즈번 이 세 지역이 뉴질랜드와인 생산량의 80%를 차지하고 있다. 특히 남섬의 말보로는 최고의 소비뇽 블랑을 생산하고 있다.

① 남섬

남섬에는 말보로(Marlborough), 넬슨(Nelson), 캔터베리(Canterbury), 센트럴 오타고(Central Otago) 등이 와인 생산지역이다. 특히 말보로는 생산량 1위의 지역으로, 이 지역의 소비뇽 블랑은 전 세계적으로 유명하고 사랑받고 있다. 말보로는 일조량이 많고 자갈토양으로 배수가 잘되는 것이 특징이다.

② 북섬

북섬에는 오클랜드(Auckland), 기즈번(Gisborne), 헉스베이(Hawkes Bay), 와이카토(Waikato), 웰링턴(Wellington)과 같은 지역이 있다. 헉스베이는 뉴질랜드 전체 생산량 2위를 차지하는 지역으로 상업용 와인의 발상지역이다. 또한 비옥한 토양과 강우량이 적어 까베르네 소비뇽을 중심으로 레드와인도 만들고 있으며, 소비뇽 블랑도 역시 재배되고 있다.

6. 남아프리카공화국

남아공의 토양은 세계에서 가장 오래된 토양에 속하는 곳으로 1652년에 유럽에서 동양을 오가는 뱃사람들을 위해 휴식장소를 희망봉에 마련하였다. 그 후 1659년 케이프 포도로 처음 와인이 생산되어 약 30년 후 종교적 박해를 받는 프랑스인들이 남아공으로 이주해 오면서 남아공 와인문화가 풍부해지기 시작했다.

남아공 와인산업의 발전을 위해 1918년 와인 생산자 협동조합인 KWV가 설립되었고, 1997년에 민영화되었다. 지속적으로 남아공 와인이 해결해야 할 과제는 고품질화와 브랜드화였다. 많은 노력 끝에 현재 FAIRVIEW, NEIL ELLIS, KANONKOP 등의 브랜드가 등장하면서 남아공 와인의 품질도 명성을 쌓아가고 있다.

남아공에서는 슈냉 블랑을 스틴(Steen)이라는 애칭으로 와인을 만들고 있다. 스틴의 특징은 높은 알코올 도수가 특징이다. 레드와인 품종으로는 까베르네 소비뇽과 시라, 메를로도 재배하고 있지만, 1925년 페럴드(Perold) 박사에 의해 피노 누아와 쌩쏘의 교배로 피노타지(Pinotage)가 개발되었다. 비교적 가벼운 스타일부터 높은 알코올과 진한 타닌을 가진 피노타지는 레드와인임에도 불구하고 높은 산도가 특징이다.

남아공의 와인생산지는 주로 서쪽 케이프(Western Cape)에 집중되어 있다. 그 중 주요산지는 콘스탄티아(Constantia), 스텔렌보쉬(Stellenbosch), 팔(Paarl) 지역이다.

스텔렌보쉬 지역의 스탁 콘데(Stark-Condé) 와이너리. 아름다운 포도밭은 와인에 대한 기대감도 함께 높여준다.

남아공 출신의 유명 골프선수인 어니엘스가 자신의 이름을 걸고 만든 어니엘스(Ernie Els) 와이너리. 남아공의 토양이 화강암임을 확인시켜주는 와이너리 입구.

팔 지역의 글렌 깔루(Glen Carlou) 와이너리. 포도밭을 바라보면서 테이스팅하는 와인은 포도가 어떻게 성장하여 한 병의 와인이 탄생되었는지 상상할 수 있다.

7. 캐나다

와인벨트 중 북위 50도 경계선에 있는 캐나다는 1860년경부터 와인을 생산하였다. 30~40년 전까지는 비티스 라부르스카의 품종을 사용한 스위트와인이 대부분이었다. 그러나 최근 들어 양조기술의 발달로 비티스 비니페라 품종을 사용한 여러 가지 와인이 생산되고 있다.

날씨가 추운 탓에 기온이 올라가는 낮에는 포도의 당도가 높아지고, 기온이 내려가는 밤에는 높은 산도를 유지할 수 있는 특징이 있다. 구세계국가에서 가장 달콤한 아이스와인 생산지역이 독일이라면 신세계국가에서는 캐나다가 최고이다. 캐나다는 아이스와인을 생산하면서 상업적으로 크게 성공을 거두었다.

캐나다에서는 1988년 와인상인 품질 연맹인 VQA(Vitner's Quality Alliance) 제도가 도입되었다. VQA는 포도재배와 와인양조 기준 및 지역의 범위까지도 포함한 제도이다. 현재 온타리오 주에 4개, 브리티시컬럼비아 주에 5개로 총 9개가 특정 재배지역으로 지정되어 있다.

캐나다의 주요 포도품종은 화이트와인의 경우 샤르도네, 리슬링, 비달 등이 재배되는데 비달이 현재 최대 생산 품종이며, 아이스와인용으로 매우 인기가 좋다.

레드와인의 경우 까베르네 프랑, 메를로, 까베르네 소비뇽과 적포도 품종 중 최대 생산 품종인 콩코드가 함께 재배되고 있다

비달(Vidal) 품종으로 생산된 캐나다 아이스와인. 병목에 VQA가 보인다면, 믿고 마실 수 있는 맛과 품질이라고 생각하면 된다.

CHAPTER 10

와인과 치즈

CHAPTER 10

와인과 치즈

1. 치즈의 역사

와인만큼이나 긴 역사를 가지고 있는 치즈는 언제 어디에서 어떻게 만들어졌는지는 아무도 모른다. 다른 무수한 발명품들처럼 치즈 메이킹 또한, 우연한 계기로 발견이 되었으리라 추측하고 있다.

여러 문헌들의 내용을 종합하여 요약하자면, 약 1만 2천 년 전 쯤, 고대 이집트에서는 소, 양 등 가축농사가 주를 이루었으며, 방목으로 기르던 가축으로부터 우유(젖)을 얻었고, 치즈 또한 그의 부산물로 추정하고 있다.

> B.C. 4~5천 년 전쯤, 어느 여행자가 양의 위를 물통으로 이용하며 우유(젖)를 채워 넣고, 여행을 떠났다. 걷다가 지쳐 물통 안의 우유를 마시려고 보니, 우유는 흰 덩어리와 액체로 변해 있었다. 주위에 음식도 구할 수 없는 곳이라 어쩔 수 없이 조심스럽게 먹어보았는데, 기대 이상으로 맛이 좋았다고 한다. 이것이 치즈 탄생의 상징적인 전설이다.

위와 같은 전설로, 우유가 시간이 지나면, 흰 덩어리와 액체로 변한다는 사실을 알게 되었고, 고대시대에 우유를 보관하였던 용기들이 동물의 가죽이나 나무통, 깨끗하지 못한 토기 등이어서 새로 짠 우유들은 상당히 빠른 시간 내에 시큼해지면서 부패(=발효)하게 된 것이다.

그래서 사람들은 다음 단계로 아주 간단한 생치즈를 만들기 위해 응고한 덩어리인(고체상태) 커드(curd)로부터 위에 떠있는 액체인 훼이(whey, 유청; 치즈를 만들 때 우유가 응고한 뒤 분리되는 액체)를 분리했다. 이당시의 초기 치즈들은 레닛(rennet, 응유−치즈제조용)을 사용하지 않았으므로 상당히 산도가 높고 톡 쏘는 시큼한 맛이 강했다. 시큼한 맛을 제거하기 위해 레닛을 사용하는 것은 치즈 메이킹에 있어 가장 큰 발전 단계였다.

중세기 후반부터 19세기 말까지 유럽 여러 나라의 치즈 메이킹은 발전되어왔고, 각 나라의 특성에 따라 치즈의 종류가 구분되기 시작했다. 예를 들면, 산악 지대인 스위스와 언덕과 계곡이 많은 영국은 하드 치즈가 발달되었고, 그와 반대로 프랑스와 이태리 같은 지역은 소프트 치즈가 발달되었다.

특히 치즈는 경제적으로 부유한 도시에 인구가 늘어나면서, 도시무역뿐만 아니라 국제무역도 활발해지기 시작했다. 식민지를 통해 치즈 메이킹은 신세계국가들에도 급속도로 전파되었다. 이 시기에 프랑스의 미생물학자인 루이 파스퇴르(Louis Pasteur, 1822~1895)가 살균방법을 발명함으로써 1850년 전까지만 해도 살균 소독되지 않은 우유로 만들어졌던 치즈 메이킹의 역사적인 변화가 일어났다.

살균되지 않은 우유는 미생물들을 함유하고 있기 때문에 치즈 생산자가 아주 조심하지 않으면, 금방 치즈가 상할 뿐만 아니라, 그 치즈를 먹은 사람들이 식중독을 일으키게 되는 경우도 많았기 때문에 치즈 메이킹은 항상 까다로운 공정과 수고가 필요했다.

파스퇴르에 의해 치즈의 생산은 양적으로나 질적으로나 월등한 향상을 이루었고, 각각 다른 지역과 다른 종의 우유를 섞는 일도 흔해졌으며, 다양한 스타일의 치즈를 훨씬 수월하게 만드는 계기가 되었다. 최근 100년 동안, 이러한 기술 과학적인 발전에 힘입어, 대형 치즈 공장들이 많이 생겨났으며 작은 규모의 전통을 중시한 생산자들을 앞서가기 시작했다. 그러나 지금도 자긍심을 가지고 전통적인 방법(Farmhouse Cheese)으로 독

우유를 응고시키는 단백질 가수 분해 효소가 들어 있는 효소 복합체. 포유류의 위장에 들어 있다. 단백질 가수 분해 효소로 인해 우유는 커드(고체)와 훼이(액체)로 분리된다.

특하고 좋은 품질의 치즈를 만드는 곳도 많다.

치즈에는 칼슘, 미네랄, 단백질 등 '인간이 신에게 받은 최고의 식품이다.'라고 할만큼 우리 몸에 필요한 대부분의 영양소가 들어 있다. 특히, 치즈에 들어 있는 칼슘은 뼈 건강에 도움을 주는 최고의 간편식이고, 단백질은 근육, 피부, 모발 등 생리기능에 도움을 준다.

매일 하루 한 잔씩 마시라는 완전식품 중 하나인 우유를 만약 유당불내증 때문에 섭취하기 곤란하다면, 우유 대신 치즈를 먹으면 된다.

특히, 자연치즈에는 고기나 생선의 소화를 돕는 독특한 소화효소가 들어 있음을 알게 되어 고기와 생선을 주식으로 먹는 유럽인들은 식사 후 반드시 치즈를 먹는 음식문화가 형성되었다.

> 유당분해 효소의 활성도가 정상치보다 감소되어 유당을 소화시키지 못하여 설사 등의 장질환을 일으킴.

> 치즈는 자연치즈와 가공치즈로 크게 구분되는데, 우리가 흔히 알고 있는 슬라이스치즈는 가공치즈이다.

2. 치즈 메이킹

치즈 메이킹의 원칙은 같다고 볼 수 있으나, 이 원칙 안에서도 끝없는 다양함을 가지고 있으며, 치즈 메이커들의 기술적인 면이 우리가 고를 수 있는 다양한 수백 개의 치즈를 생산해낸다. 가장 기본적으로 치즈를 만드는 방법은 다음과 같다.

1) 우유로부터 유청(whey, 훼이)을 분리한다.
2) 분리된 응고덩어리(curd)를 발효시킨다.
3) 커드(curd)를 자르고(cutting), 소금에 절임(salting)으로써 농도를 조절한다.
4) 치즈를 숙성시킨다.

이 각각의 단계는 양질의 치즈를 생산하는 데 중요한 역할을 할뿐만 아니라, 어떠한 종류의 치즈를 생산해내는가를 결정하는 데 중요한 역할을 한다.

예를 들면, 어떻게 커드(응고 덩어리)를 자르느냐에 따라 치즈의 질감(texture)이 결정이 나고, 어떠한 방법으로 절였는지(salting)에 따라 또한 얼마 동안 치즈를 숙성시키는가를 결정짓는다. 치즈 메이킹은 너무나도 복잡하여 아주 세밀한 주의를 요한다.

같은 우유(젖)를 가지고 같은 방법으로 두 개의 치즈를 만들었더라도, 맛이 같다고 보장할 수가 없다. 이러한 치즈의 묘미는 특히 전통적인 방법을 쓰는 농가의 치즈에서 찾아볼 수 있고, 대규모의 공장제조 치즈들은 균일한 맛과 질감을 만들어낸다.

남아공 페어뷰(Fair View) 와이너리에서 생산하는 치즈

3. 치즈의 분류

치즈를 분류할 때에는 원유에 따라, 제조방법에 따라, 수분 함량에 따라, 지방 함량에 따라 구분하고 있다.

1) 원유에 따른 분류

① 소젖 : 체다, 그라나 파다노, 고다, 에멘탈 등

② 염소젖 : 쉐브르(쉐브르는 염소젖 치즈의 통칭)

③ 양젖 : 로크포르, 페코리노 로마노 등

④ 물소젖 : 모짜렐라 디 부팔라

2) 제조방법에 따른 분류

① 생치즈(fresh Cheese)

우유에서 수분을 뺀 것이지만, 모짜렐라처럼 수분과 함께 포장되는 경우도 있다. 'Fresh'의 의미대로 숙성과정을 거의 거치지 않는 치즈라 담백한 것이 특징이다. 장기보관은 어렵지만, 요리에 응용이 많이 되고 있다.

종류) 리코타, 모짜렐라, 마스카르포네 등

② 연성치즈(soft cheese)

㉠ 흰색외피 연성치즈(soft-bloomy rind cheese)

숙성시킬 때 표면에 흰 곰팡이균을 이용하여 밖에서 안으로 숙성시키는 치즈이다. 숙성 치즈 중에서는 숙성기간이 2~3주로 짧다. 맛이 순하고 부드러워 치즈 초보자들에게도 부담 없는 치즈이다.

종류) 까망베르, 브뤼 등

㉡ 세척외피 연성치즈(soft-washed rind cheese)

표면에서부터 숙성이 진행되는데, 숙성과정에서 표피에 생육하는 균 때문에 색이 오렌지색으로 변하고 강한 부패향이 생긴다. 따라서 정기적으로 소금물, 안나토 색소, 맥주, 와인 등 술 등을 이용하여 치즈표면을 계속 닦아주는 것이 흰색외피 연성치즈와의 차이점이다.

종류) 에푸아스(Epoisses), 먼스터(Munster) 등

③ 반경성치즈(semi-hard cheese)

외피는 딱딱하고, 내부는 말랑말랑하여 외피와 내부의 차이는 있어도 대부분 곰팡이가 없는 타입이다. 보관이 편하고 맛이 순하기 때문에 유통량이 많고, 대중적인 사랑을 받는 치즈이다. 반경성치즈는 비가열 압착치

즈라고도 하는데, 열을 가하지 않고 일정한 무게의 압력을 가하면서 유청을 제거하기 때문이다.

종류) 체다, 고다, 미몰레트 등

④ 경성치즈(hard cheese)

경성치즈의 일반적인 사이즈

압착 과정을 거치는 반경성치즈보다 수분을 더 없애기 위해 가열 공정을 한 번 더 거치는 치즈로 가열 압착치즈라고도 한다. 치즈 메이킹이 끝난 후에는 손으로 찢을 수 없을 정도로 딱딱하고, 사이즈가 매우 크기 때문에 미리 잘라서 소비자에게 판매한다. 경성치즈를 대표하는 파르미지아노 레지아노의 경우 직경이 약 40cm, 두께 약 20cm, 무게 30kg으로 미리 자르고 소분하지 않으면, 통째로 구매하기는 어렵다. 그러나 수분 함량이 매우 적고, 숙성기간이 짧게는 1년, 길게는 4년으로 장기보관이 가능하므로 통째로 구매한 경우라도 보관상 문제는 없다.

종류) 에멘탈, 파르미지아노 레지아노, 꽁떼 등

⑤ 블루치즈(blue cheese, 푸른 곰팡이치즈)

성형과정에서 푸른 곰팡이균(Penicillium Roqueforti, 페니실리움 로크포르티)을 균일하게 주입하고 치즈 내부에서 외부로 숙성시킨다. 이때 마치 대리석 무늬처럼 푸른 곰팡이가 청색 또는 회색의 푸르스름한 색으로 무늬를 만들어 낸다. 수분감이 많고 짠맛과 감칠맛의 농도가 매우 진하며, 날카롭고 예리하게 톡 쏘는 맛과 향이 특징이다. 블루 치즈는 포트, 소떼른 와인 등 와인 페어링에도 매우 훌륭한 치즈이며 치즈 플레이트 구성에서 결코 빠지지 않는 개성이 강한 치즈이다.

종류) 로크포르, 스틸톤, 고르곤졸라 : 세계 3대 블루치즈

⑥ 가공치즈

치즈라 함은 젖(우유), 미생물, 효소, 최소한의 첨가물만으로 만드는 자연치즈, 즉 살아있는 치즈이다. 그러나 자연치즈를 주원료로 하여 종량

제, 보존제, 향미제, 유화제와 같은 식품첨가물과 고온에서 재가공한 치
즈를 가공치즈라고 한다. '죽은 치즈'라고 표현하기도 하지만, 식품 첨가
물의 종류와 양을 다양하게 선택하여 여러 가지 종류의 맛, 향, 색을 포
함한 치즈 생산이 가능하다. 가공치즈는 먹기에 편리하고, 유통기간이 길
며, 저렴한 가격 덕분에 소비량이 증가 추세이다.

3) 수분 함량에 따른 분류

치즈 메이킹 시 수분인 유청을 얼마나 제거하느냐, 숙성기간을 얼마나
유지하느냐에 따라 치즈에 포함되어 있는 수분 함량이 결정되고, 치즈의
질감과 보존 가능 기간에도 영향을 미친다.

4) 지방 함량에 따른 분류

치즈 메이킹 과정 중에 우유(젖)에 포함된 지방의 양을 그대로 사용하
기도 하고, 일부 덜어 내거나, 지방을 2배 혹은 3배 첨가하여 만들기도
한다.

4. 세계의 치즈

1) 프랑스

① 프랑스 치즈의 역사

로마시대에도 프랑스는 세계에서 가장 뛰어난 치즈를 생산하기로 인
정 받은 곳이다. 특히 로크포르(Roquefort)와 캉탈(Cantal)은 로마의 부유
층만을 위해 치즈를 보급하였고, 유명한 집필가들은 역사책이나 음식 관
련 문헌을 통하여 이 두 치즈에 관한 애정과 칭송을 아끼지 않았다. 로마
인들이 얼마나 많이 로크포르(Roquefort)와 캉탈(Cantal)의 생산량에 영

향을 주었는지는 알려지지 않았지만, 로마인들이 프랑스를 떠난 이후에도 이 치즈 메이킹은 계속되어졌다.

초창기의 프랑스 치즈들은 모르타리아(Mortaria)라고 불리는 움푹한 토기에서 만들어졌는데, 토기 안쪽의 거친 부분에서 박테리아가 발생되면서, 우유가 응고되고 치즈가 만들어졌다. 이때 유청은 모르타리아의 작은 주둥이를 통해 분리되면서 크림치즈 스타일의 치즈가 완성되었다. 아직도 프랑스의 일부에서는 이러한 방법으로 크림치즈를 생산하고 있다.

7~8세기경 대부분의 치즈 메이킹은 수도원에서 이루어졌으며 샤를르마뉴 대제(Charlemagne, 742~814)에 의해서 치즈 메이킹은 번성되었다. 샤를르마뉴 대제는 부르고뉴 꼬뜨 드 본의 알록스 꼬르통 마을의 와인을 사랑한 왕으로도 유명하다.

139p. 내용 참고

중세에는 지금까지도 가장 대중적으로 유명한 치즈인 브리(Brie)와 콩테(Comté)가 생산되었으며 마루알(Maroilles), 리바로(Livarot) 등과 같은 다양한 새로운 치즈들이 개발되었다. 치즈가 유행됨에 따라 부유한 상류 계층들은 감사의 선물이나 사랑의 증표로 치즈를 선물하기도 했다.

치즈가 대중화되면서, 가난한 농부들에 의해서도 치즈 메이킹이 급속도로 퍼졌는데, 이때 새로운 치즈 메이킹의 방법과 기술들이 창조되었다. 특히, 양젖과 염소젖을 이용하는 일이 많아졌으나 그래도 사시사철 가능한 소젖으로 만든 치즈들이 가장 생활에 중요한 일부를 차지했다. 이러한 농부들에 의해 만들어진 독특한 치즈들은 비밀스럽게 그 전통방법을 고수하여 오늘날의 Appellation Origine System을 받은 특등급의 치즈가 되었다.

프랑스와인의 AOC, AOP와 같은 개념. 원산지를 표기하는 제도

15세기경까지 치즈는 프랑스 가정의 중요한 식단 중 일부로 저소득층에서는 생치즈(fresh cheese)를 식사대용으로 먹었고 , 부유층은 식사가 끝난 후에 소화를 돕고, 입을 즐겁게 해주기 위한 디저트로 먹었다. 그러나 16세기에 부유층에게도 농부들이 먹는 스타일의 치즈가 유행하기 시작하여, 끼니뿐만 아니라 디저트나 제과용 등 다양하게 치즈가 사용되었다.

치즈를 구입할 때 'AOP'가 보인다면, 원산지 관리를 받은 특등급의 치즈이다.

② 프랑스 대표 치즈

가장 유명하고, 우리에게 익숙한 프랑스의 대표 치즈는 다음과 같다.

㉠ Boursin(부르생) - Fresh & Soft Cheese

프랑스 노르망디 지역에서 소젖으로 생산하는 연성치즈이다. 아이보리와 같은 색상을 지니며, 빵에 발라먹어도 좋을 만큼 크림과 같은 형태이다. 허브, 마늘, 페퍼와 같은 향을 첨가하여 생산하기도 한다.

㉡ Brie(브뤼) - Soft Ripened Cheese

일 드 프랑스(Île-de-France)가 원산지로 소젖으로 생산하는 부드럽게 숙성된 연성치즈이다. 버터와 비슷한 연한 노란색을 띠고 있다. 브뤼 치즈도 식사 후 디저트로 제공되기도 하지만, 카나페로도 많이 활용하고 있다.

㉢ Comté(콩테) - Hard Cheese

프랑스 부르고뉴 프랑슈 콩테(Bourgogne-Franche-Comté) 지역 등지에서 소젖으로 생산하는 수레바퀴 형태의 하드치즈이다. 프랑스인들에게 가장 친숙한 치즈이고, AOC 치즈 중 생산량이 가장 많다. 엄격한 품질관리로 매년 일정량만 생산하고 있다.

㉣ Camembert(까망베르) - Soft Ripened Cheese

프랑스 노르망디 지역에서 소젖 혹은 염소젖으로 생산하는 부드럽게 숙성된 연성치즈이다. 부드럽고 크림 같으며, 약간 톡 쏘는 맛이 있다. 브뤼 치즈보다 향이 조금 더 강한 것이 특징이다. 브뤼 치즈와 함께 우리에게 가장 친숙한 치즈 중 하나이다.

㉤ Roquefort(로크포르) - Blue Cheese

프랑스 루레르그 지역의 로크포르 천연 석회암굴에서 양젖을 숙성시킨 치즈로 '세계 3대 블루치즈' 중 하나이다. 로크포르는 최소 3개월의 숙성기간이 필요하기 때문에 겨울이 끝나갈 무렵부터 출시되는 계절 치즈이다. 상아색 바탕에 푸른색의 마블링이 골고루 퍼져 있어야 좋은 치즈로

프랑스의 로크포르,
영국의 스틸턴,
이탈리아의 고르곤졸라

평가받고 있다. 블루치즈의 대명사인 로크포르는 짜릿하게 톡 쏘는 향이 있지만, 날카로운 맛과 은은한 단맛의 조화가 일품이다.

표 10-1 · 프랑스 대표 치즈

치즈명	사용한 우유	치즈 스타일
Boursin(부르생)	소젖	(신선)연성치즈
Brie(브뤼)	소젖	(숙성)연성치즈
Comté(콩테)	소젖	경성치즈
Camembert(까망베르)	소젖 혹은 염소젖	(숙성)연성치즈
Roquefort(로크포르)	양젖	블루치즈

2) 영국

① 영국 치즈의 역사

영국은 경성치즈의 왕국이라고 불리는데, 과거 로마제국의 식민지였던 시절, 체셔치즈(Cheshire Cheese)는 로마인들에게 엄청난 사랑을 받았다. 체셔치즈를 전수받기 위해 치즈사절단이 파견되기도 하였지만, 전수법을 제대로 받지 못한 치즈메이커를 교수형에 처하게 되면서 경성치즈 메이킹이 쇠퇴되었다. 그 이후, 프랑스와 같은 방법으로 연성치즈를 만들기 시작했다.

다행히도, 암흑시대의 웨일즈나 아일랜드에서 경성치즈 메이킹은 암암리에 꾸준히 행해져 왔고 기독교의 전파와 수도원의 부흥으로 치즈 메이킹이 다시 한 번 부흥하게 되었다. 날씨가 추운 관계로 대부분의 치즈 메이킹은 여름에 행해졌으며 16세기까지 우유에 구분이 없이 양젖과 염소젖을 소젖으로 칭하며 블렌딩하여 만들었고, 심지어 가장 유명한 영국의 대표 치즈인 체다(cheddar)치즈 또한 양젖과 소젖을 섞어서 만들었다.

중세시대에 들어서는 치즈의 생산지역으로 구분되는 것이 아닌 질감(texture)에 의해서 구분되는 작업이 이루어졌으며, 20세기부터 교류가 많아지면서 각 지역 내의 생산된 독특한 치즈들이 알려졌다.

탈지 우유(skimmed milk)로 만든 하드 치즈는 오래 보관할수록 너무 딱딱해져서 흰색 육류(white meat)라 불렀는데 하인들이나 천민들의 주 양식이었다. 저지방우유(low fat milk)로 만든 세미 하드 치즈는 좀 더 짧은 시간 내에 숙성시켜 먹기에 훨씬 수월했으며, 생치즈는 부의 상징으로 귀족들만이 먹을 수 있었다.

17세기에 소젖의 품질향상으로 하드 치즈에 대한 나쁜 평판이 사라지기 시작했고, 서머셋(Somerset), 글로스터셔(Gloucestershire), 랭커셔(Lancashire)와 같이 양질의 치즈를 생산하는 지역들이 무역을 통하여 명성을 얻어갔다. 이 무렵에는 또한 치즈 상인 협회가 생겨 서민층에게도 싼 가격에 양질의 치즈가 보급되기 시작되었고 세계적으로 가장 잘 알려진 체다(Cheddar)의 명성이 알려지는 계기가 되었다. 체다치즈의 원산지

18세기에 유명한 문호인 다니엘 디포(Daniel Defoe)는 여행 중에 먹어 본 푸른색 마블링의 블루치즈 스틸턴(Stilton)을 칭송하였으며 훗날 치즈의 왕이라는 이름과 함께 세계 3대 블루치즈 중 하나로 인정받고 있다. 스틸턴은 영국 치즈로는 유일하게 저작권의 보호를 받으며 여전히 고가에 팔리는 독특한 치즈이다.

스코틀랜드는 치즈보다는 버터가 더 유명하긴 하지만, 카보크(Caboc)처럼 생치즈(Fresh cheese)가 조금 생산되며 체다 치즈 스타일의 하드 치즈도 생산하고 있다.

아일랜드는 생치즈와 숙성 치즈를 혼합하여 생산하는데 소량이긴 하지만 품질 좋은 치즈를 생산하고 있다.

파스퇴르 살균법 이후의 영국 치즈 시장은 다른 유럽의 어느 나라보다도 급속도로 대규모 공장화로 변화되면서 특색 있는 치즈의 전수가 사라질 위기에 처했었으나 다행히 20세기 후반에 와서 잘 만들어진 소규모의 농가 스타일의 치즈가 많은 인기를 끌고 있다.

② 영국 대표 치즈

가장 유명하고, 우리에게 익숙한 영국의 대표 치즈는 다음과 같다.

㉠ Cheddar(체다)

서머셋(Somerset) 주의 체다마을이 원산지인 체다치즈는 소젖으로 만드는 경성치즈이며, 영국의 치즈가 알려지는데 공을 세운 치즈이기도 하다. 체다는 직경 35~40cm의 큰 원통형으로 중량은 27~35kg 정도이다. 오렌지색에 가까운 노란색을 가지고 있으며, 샐러드, 카나페, 햄버거는 물론이고 어떤 와인과도 잘 어울리는 치즈이다.

㉡ Cheshire(체셔)

체셔지역에서 소젖으로 생산되는 세미 하드 치즈이다. 영국에서 가장 오래된 역사를 가지고 있는 치즈로 화이트 체셔와 레드 체셔, 블루 체셔로 나뉜다. 블루 체셔는 스틸턴과 유사한 형태의 블루치즈이며, 스틸턴보다는 부드러운 질감을 가지고 있다.

㉢ Stilton(스틸턴)

영국의 레스터셔, 더비셔, 노팅엄셔 등지에서 소젖으로 생산하는 블루치즈이다. 1730년대 스틸턴 마을의 벨(Bell)이라는 여관에서 팔기 시작하면서 붙여진 이름으로 스틸턴이 원산지는 아니다. 여름에 짠 우유로 만들어 9월부터 나오는 스틸턴이 가장 품질이 좋고, 영국에서는 9월에 생산된 치즈를 항아리에 담아 크리스마스 선물로 보내는 풍습이 있다.

스틸턴은 다른 블루치즈보다 잘 부서지며, 부드러운 질감을 가지고 있고, 이탈리아의 고르곤졸라나 프랑스의 로크포르 치즈들보다 톡 쏘는 맛이 강한 특징이 있다.

표 10-2 · 영국 대표 치즈

치즈명	사용한 우유	치즈 스타일
Cheddar(체다)	소젖	경성치즈
Cheshire(체셔)	소젖	반경성치즈(Semi hard cheese)
Stilton(스틸턴)	소젖	블루치즈

3) 이탈리아

① 이탈리아 치즈의 역사

이탈리아와인의 다양성은 700~800여 종에 달하는 다양한 포도품종 때문이었다. 이처럼 이탈리아의 치즈도 지형과 기후로 인해 상상도 할 수 없을 만큼 다양한 치즈가 만들어져 왔다.

'모든 길은 로마로 통한다.'라고 했을 만큼, 로마가 강대국인 시절부터 치즈에 대한 기록이 있으며, 율리우스 카이사르(Gaius Julius Caesar, B.C. 100~B.C. 44)도 블루치즈를 즐겨먹었다는 기록이 있었을 정도로 로마시대의 치즈는 매우 인기 있는 식품이었다.

이탈리아 치즈의 시작은 잘 알려져 있지 않지만, 로마시대는 이탈리아 치즈의 전성기였고, 전쟁이 활발했던 시기였던 만큼 로마군의 식량으로도 활용되었다. 중세시대에는 수도원을 중심으로 치즈생산이 이루어졌고, 중요한 산업으로 자리 잡으며 이탈리아 음식문화 발달에도 영향을 미치게 되었다.

이탈리아 북부의 포 밸리(Po Valley) 지역은 1,000여년 전부터 시토회 수도원(Cistercian Monks)에서 매우 독창적인 치즈를 만들기 시작했다.

1135년에는 키아라발레(Chiaravalle) 수도원에서 그라나 파다노(Grana padano) 치즈를 선보였고, 13세기에는 파르미지아노 레지아노(Parmigiano reggiano) 치즈도 등장하면서 경성치즈의 대표주자가 되었다.

879년에는 이탈리아를 대표하는 고르곤졸라(Gorgonzola)가 등장하게 되며, 짭짤하면서도 씁쓸한 맛으로 인해 와인과 찰떡궁합일뿐만 아니라 다양한 요리에도 활용되고 있다. 그 외에도 마스카르포네(Mascarpone), 모짜렐라(Mozzarella), 리코타(Ricotta) 등 프레시 치즈부터 다양한 요리에 활용되는 치즈까지 이탈리아 치즈의 다양성은 끝이 없다.

② 이탈리아 대표 치즈

㉠ Parmigiano Reggiano(파르미지아노 레지아노)

이탈리아 치즈의 왕이라는 명성을 얻고 있는 파르미지아노 레지아노는 우리가 흔히 알고 있는 파마산 치즈이다. 나폴레옹이 가장 좋아하는 치즈로 소젖을 이용한 경성치즈이다.

날카로우면서도 넛츠향이 풍부한 파르미지아노는 곱게 갈아서 샐러드, 피자, 리조토 등에 뿌려먹기도 하고, 한입 크기로 잘라서 식사 전에 먹는 것도 좋다.

ⓛ Grana Padano(그라나 파다노)

에밀리아 로마냐 지역에서 소젖으로 생산하는 그라나 파다노는 파르미지아노 레지아노의 사촌격인 치즈이다. Grana(그라나)는 '알갱이가 있다'라는 뜻을 가진 단어로 그냥 먹으면, 알갱이가 씹히면서 우아한 풍미를 느끼게 하는 치즈이다. 경성치즈인 그라나 파다노 치즈는 장기보관이 가능하며, 다른 경성치즈들에 비해 지방 함량이 낮은 편이다.

ⓒ Ricotta(리코타)

이탈리아어로 '다시 익힌다'라는 뜻이다.

이탈리아를 대표하는 프레시 치즈(fresh cheese) 중 하나로 소젖에서 분리된 유청(whey)에 신선한 우유나 크림을 첨가해서 다시 데워서 만드는 '유청 재활용' 연성치즈이다.

이탈리아 전역에서 생산되지만, 지역의 특징에 따라 풍미도 차이가 있는 것이 특징이고, 가정에서도 흔히 만들어 먹을 수 있을 만큼 간단한 과정과 신선함을 모두 느낄 수 있는 치즈이다. 풍미가 상큼하고 감미로운 맛으로 꿀이나 잼에 올려 디저트로도 활용하고, 라비올리(Ravioli)의 속 재료로도 활용하고 있다.

이탈리아식 만두

Ricotta salata(리코타 살라타)는 리코타와 이름은 비슷하나, 조금 다른 치즈이다. Salata(살라타)는 '소금에 절인다'는 뜻을 가지고 있는데, 양젖에서 분리된 유청을 이용하여 만들고, 압착시킨 후, 소금에 절여 최소 90일 이상 숙성된 치즈이다. 단단한 경성치즈로 짠맛과 톡 쏘는 맛으로 샐러드에 주로 사용된다.

ⓔ Pecorino(페코리노)

양젖으로 생산하는 이탈리아의 경성치즈를 통틀어서 이르는 말이다.

페코리노는 각기 다른 종류의 형태와 명칭으로 생산되는데, 그 중에서 가장 많이 알려진 경성치즈는 페코리노 로마노(Pecorino romano)이다.

⑩ Mascarpone(마스카르포네)

마스카르포네는 소젖으로 만드는 크림치즈로 다른 종류의 치즈들과 달리 단맛을 내고, 유통기한이 매우 짧다. 사실 치즈라고 하기보다는 크림이라는 표현이 더 어울린다. 그라나 파다노와 파르미지아노 레지아노를 만들기 위해 유청을 분리하고 남는 지방으로 만든 치즈로 요거트를 만드는 방법과 유사하다. 주로 티라미수를 만들 때 사용되거나 빵에 발라 먹는다.

⑪ Mozzarella(모짜렐라)

이탈리아를 대표하는 연성치즈로 소젖으로 만들면 Mozzarella(모짜렐라)라고 하며, 물소젖으로 만들면 Mozzarella di Bufala(모짜렐라 디 부팔라)라고 한다.

모짜(Mozzare)는 '잘라낸다'라는 뜻을 가지고 있는데, 33~36℃로 데워서 응고시킨 소젖 혹은 물소젖의 커드를 잘라 5시간 가량 발효시킨 뒤 95℃의 물에 가라앉히고 휘저어 고무질 조직으로 만든다. 백색의 부드럽고 쫄깃한 질감으로 바질, 토마토와 매우 잘 어울려 샐러드 또는 애피타이저로 많이 이용된다.

표 10-3 • 이탈리아 대표 치즈

치즈명	사용한 우유	치즈 스타일
Parmigiano Reggiano(파르미지아노 레지아노)	소젖	경성치즈
Grana Padano(그라나 파다노)	소젖	경성치즈
Ricotta(리코타)	소젖	연성치즈
Ricotta Salata(리코타 살라타)	양젖	경성치즈
Pecorino(페코리노)	양젖	경성치즈
Mascarpone(마스카르포네)	소젖	연성치즈
Mozzarella(모짜렐라)	소젖	연성치즈
Mozzarella di Bufala(모짜렐라 디 부팔라)	물소젖	연성치즈

5. 치즈의 서비스 방법

1) 서비스 순서

치즈는 식사 때나, 디저트 때나 코스와 상관없이 서빙된다. 전통적으로 유럽에서는 식사와 다른 코스로 서빙이 되었으나 치즈만을 가지고 식사로 삼는 일도 빈번해졌다.

스위스나 네덜란드에서는 치즈를 아침에 많이 먹는 편이고 스페인이나 그리스에서는 애피타이저로, 혹은 타파스(tapas)라고 불리는 안주식으로 먹는다. 얇게 슬라이스한 치즈와 사과는 언제 먹어도 좋은 훌륭한 스낵을 만든다.

특히 정찬(formal dinner) 코스에서는 치즈 코스도 포함되어 있는데 디저트 전에 서빙을 하느냐, 혹은 후에 하느냐에 따른 의견이 분분하다. 영국에서는 후식을 다 끝낸 후에 치즈 코스를 내는데, 전통적으로 의사들이 '치즈는 장을 막아버린다'는 우스운 설을 퍼뜨렸기 때문이기도 하지만 입가심으로 달콤한 포트와인을 일반적으로 치즈와 마시기 때문이다. 유럽 대륙에서는 디저트 전에 치즈를 보통 먹는데 메인 코스(main course)로 마시는 와인을 치즈와 서빙하는 일이 많고, 디저트의 달콤함이 입맛을 버리는 일을 막기 위함이다.

프랑스에서는 식사가 끝나면, 치즈매니저가 치즈 서빙카트에 치즈를 종류별로 담아 테이블에 온다. 고객이 원하는 치즈의 종류를 주문하면, 치즈매니저가 접시에 서비스를 해준다.

2) 서비스 온도

치즈는 항상 실내온도로 서비스해야 한다. 절대로 냉장고에서 막 꺼낸 치즈를 서비스해서는 안 되며 어떤 이들은 치즈를 냉장 보관하는 것이 좋지 않다고 말한다. 그러나 현대시대에는 지하저장고(cellar, 셀러)를 가지고 있는 가정이 많지 않기 때문에, 이는 무시되고 있다.

실내온도에 따라 다르겠지만, 치즈를 냉장고에서 꺼내어 올바른 온도로 만들기 위해서는 한 시간 이상이 걸릴 수도 있다. 특히 부피와 무게가 큰 경성치즈(hard cheese)는 더욱 오래 걸리기 때문에 식사코스에서 치즈를 서비스하는 경우 식사가 시작될 때 미리 꺼내어 준비해두는 것이 좋다.

3) 서비스 도구와 절차

치즈를 서비스할 때는 올바른 도구와 절차가 필수적이다. 좋은 치즈 나이프는 곡선이 있고 가운데에 커다란 구멍이 뚫려 있어 치즈를 다치지 않게 커팅(cutting)할 수 있어야 하며 끝부분이 포크처럼 생겨, 자른 치즈 조각을 옮길 수 있어야 한다.

보통 연성치즈나 잘 부서지는 치즈는 곡선이 있고, 끝부분에 포크처럼 생긴 나이프가 적절하며, 경성치즈들은 대패질 하듯 긁어내릴 수 있는 나이프가 적합하다.

치즈의 형태에 따라서 자르는 방법이 정해진다. 동그랗고 작은 치즈들은 절대로 반으로 자르는 것은 금물이다. 그뿐만 아니라 모양이 어떻든 정가운데를 갈라서 자르는 것은 좋지 않다. 제일 좋은 방법은 케익 조각처럼 자르는 것이 가장 이상적이다.

피라미드처럼 생겼거나 통나무 형태의 치즈는 옆으로 얇게 슬라이스하는 것

치즈나이프는 곡선으로 가운데 구멍이 뚫려 있어 치즈가 다치지 않게 커팅할 수 있어야 한다.

이 좋고, 드럼통처럼 생긴 치즈들은 원판처럼 수평으로 자른 후 케익 조각처럼 다시 조각(wedge, 웨지)을 내는 것이 좋다. 그리고 스틸턴과 같이 잘 부스러지는 치즈들은 꼭대기를 자른 후 숟가락으로 가운데를 파서 먹는 것이 좋은 방법이다. 그러나 파다노 혹은 파르미자노 레지아노 치즈와 같이 거친 질감을 가진 치즈들은 칼로 자르지 않고, 손이나 뭉툭한 도구를 사용하여 자연적인 조각을 내서 먹는 것이 가장 좋다.

스틸턴 가운데 구멍을 파고, 구멍에 포트를 부어서 먹기도 한다.

일반적으로 치즈를 서비스할 때 빵이나 크래커를 제공하는데, 달거나 짠 향이 들어있는 것보다는 플레인(plain)할수록 치즈의 맛을 살리기에 적합하다. 바게트가 적당하다는 이들도 많지만, 식사대용으로 쓰지 않을 때에는 바게트의 양이 너무 많은 것이 흠이다. 가장 좋은 크래커는 오트밀로 만든 크래커가 좋다. 간혹 비스킷이나 크래커를 서비스하지 않고 사과나 과일로 대체하는 경우도 있다. 치즈보드를 장식할 때에는 허브, 어린 잎채소, 꽃, 견과류, 베리류 등으로 장식하면 더욱 그 맛을 북돋아준다.

6. 치즈의 보관법

냉장고에서 치즈를 꺼내어 1~2시간 동안 서빙을 기다리는 동안에는 비닐랩이나 호일에 싸거나 유리나 도자기로 된 치즈접시를 사용하는 것이 가장 좋은 방법이다. 좀 더 오랜 시간 치즈를 방치해 둘 때는 각설탕 하나를 같이 넣어두면 치즈의 습기를 흡수해 모양이 흐트러지는 것을 막는다. 가정에서 쓰는 냉장고는 온도가 너무 낮아서 될 수 있는 한 냉장고 문이나 야채칸 같은 가장 실온에 가까운 부분에 보관하는 것이 좋다.

이상적인 치즈 셀러의 온도는 10도이다. 치즈를 보관할 때에는 원래의 포장박스에 넣어 보관하는 것이 좋고 부득이한 경우에는 호일이나 기름종이, 혹은 뚜껑이 들어맞는 플라스틱 용기가 적당하다. 그러나 짧은 시간 동안 보관했다가 먹을 치즈는 비닐랩에서도 보관이 가능하다. 비닐랩에 너무 오랜 시간 동안 보관하면 치즈에서 습기가 빠져 나와 끈적이는 물기가 생길 수 있으므로 주의해야 한다. 특히 연성치즈를 쌀 때는 잘려진 부분을 꽉 조여야 치즈가 흐르는 것을 막을 수 있다. 치즈는 각각 하나씩 따로 싸야 서로의 향이 섞이지 않는다.

적절한 온도를 가진 치즈 보관 장소가 있고, 커다란 치즈들을 보관할 때는 깨끗한 타올이나 기름종이에 표면을 싸서 보관하는 것이 좋다. 그러나 대부분의 가정은 습도가 많지 않아 건조하기 때문에 잘 싸서 종이박스에 넣어 보관하도록 한다.

보관 시기는 치즈의 유형에 따라 다르지만, 연성치즈일수록 기간이 짧고 경성치즈일수록 길다. 그러나 원형의 에멘탈이나 파르미지아노 레지아노 같은 치즈는 오랜 기간이 가능하다. 저장고에 있던 커다란 치즈를 서비스할 때에는 저장고에서 먹을 만큼의 양만 잘라 실온에 꺼내놓는 것이 좋다.

치즈를 기간 내에 먹지 못했을 경우에 냉동을 할 때도 있지만, 연성치즈는 향을 잃게 되고 경성치즈는 부서지게 되는 경우가 일어날 수 있다. 너무 오래되어 곰팡이가 피었거나 말라버린 치즈는 그 부분을 잘라내고 먹으면 된다. 말라버린 경성치즈는 화이트와인에 적신 깨끗한 헝겊으로 싸서 몇 시간 놓아두면 다시 부드러워지므로 요리에 사용할 수 있다.

7. 치즈와 와인

1) 치즈와 와인 페어링 법칙

치즈와 와인의 궁합은 환상적이지만, 와인을 시음할 때 치즈는 좋지 않은 궁합이다. 왜냐하면, 치즈와 와인 모두 발효음식으로 치즈의 강한 향이 와인 시음할 때 방해가 되기 때문이다.

치즈와 와인은 역사적으로나 만드는 방법으로나 너무나 유사해서 가장 좋은 음식의 동반자라고도 한다. 음식과의 매칭과 마찬가지로, 치즈와의 매칭에 있어서도 두 가지의 방법이 따른다. 그러나 전 세계인이 가장 선호하는 방법은 자신이 가장 좋아하는 와인과 치즈를 함께 먹는 것이 첫 번째이고, 두 번째는 생산지역의 와인과 치즈를 함께 먹는 것이다.

오래 전부터 레드와인은 치즈의 가장 좋은 파트너라고 여겨왔으나, 화이트와인이나 디저트 와인들이 훨씬 더 좋은 매칭을 이룬다. 와인의 산도와 타닌 성분은 치즈 선별 방법을 결정짓는다. 산도가 높거나 타닌이 있는 와인들은 부드러운 치즈와 어울린다. 물론 이것이 모두 개개인의 취향에 맞을 수는 없지만, 한 번쯤은 시도해볼 만하다.

기본적인 와인과 치즈의 페어링 방법에 대해 알아보도록 하자.

① 첫 번째 방법은 성격이 같은 치즈와 와인을 고르는 것이다.

- 보졸레와 같은 어리고 영한 숙성이 덜된 와인은 그와 비슷한 성격인 페코리노와 같은 영하고 프레시한 치즈와 잘 어울린다.
- 바롤로와 같이 숙성된 와인은 파르미지아노 레지아노 치즈같이 숙성된 치즈가 좋다.
- 향이 가득하고 풀바디안 와인인 스페인 리오하 지역의 와인이나 호주의 쉬라즈는 강한 치즈와 궁합이 맞는다.

② 두 번째 방법은 같은 지역에서 생산되는 치즈와 와인을 페어링하는 것이다.

이것은 오랜 세월을 두고 그 지역에서 계속 즐겨왔다는 이유로 일반화된 사례이다. 예를 들면 루아르 계곡의 염소젖으로 만든 치즈들은 화이트와인인 상세르와 어울리며, 알자스 지역의 치즈는 게뷔르츠트라미너와 콤비를 이룬다. 특히 달콤한 디저트 와인은 블루 치즈와 환상의 궁합이라고 할 만큼 잘 어울리는데, 이것 또한 프랑스에서 로크포르 치즈와 소떼른 와인을 즐겨 먹어왔고, 스틸턴 치즈와 포트와인을 즐겨 먹어왔던 전통에서 온 방법이다.

2) 치즈와 어울리는 와인의 종류

다음은 치즈와 어울리는 와인의 종류를 정리한 표이다. 정답이 있는 것은 아니지만, 참고하여 와인과 치즈의 조화를 느껴보시기를.

표 10-4 · 와인과 치즈 페어링

생산국가	치즈명	치즈 스타일
프랑스	Boursin(부르생)	– 상세르와 같이 드라이한 화이트와인 – 보졸레처럼 풍부한 과일아로마와 타닌이 적은 레드와인
	Brie(브뤼)	– 샴페인 혹은 스파클링와인 – 오크 숙성하지 않은 미국 샤르도네 – 메를로
	Comte(콩떼)	– 샴페인 혹은 스파클링와인
	Camembert(까망베르)	– 바디감이 좋은 샤르도네 – 스파클링와인 – 슈냉블랑 – 까베르네 소비뇽
	Roquefort(로크포르)	– 소떼른
영국	Cheddar(체다)	– 부드러운 체다: 스파클링와인, 샤르도네 – 날카로운 체다: 까베르네 소비뇽, 소비뇽 블랑, 토니포트
	Cheshire(체셔)	– 리슬링 – 까베르네 소비뇽
	Stilton(스틸턴)	– 포트(특히, 빈티지 포트)
이탈리아	Parmigiano Reggiano (파르미지아노 레지아노)	– 네비올로 – 바르베라
	Grana Padano (그라나 파다노)	– 발폴리첼라
	Ricotta Salata (리코타 살라타)	– 미디엄 바디와 산도가 높고 드라이한 화이트
	Pecorino(페코리노)	– 몬테풀치아노 – 바르베라처럼 미디엄 바디의 레드와인 – 끼안띠
	Mozzarella(모짜렐라)	– 신세계 샤르도네
	Mozzarella di Bufala (모짜렐라 디 부팔라)	– 가비(이탈리아 피에몬테 가비) – 영한 바르베라

다양한 종류의 치즈

와인과 치즈

와인과 음식 페어링
개념 이해하기

CHAPTER 11

와인과 음식 페어링
개념 이해하기

　와인은 알코올 음료이다. 즉, 와인은 반드시 음식과 함께 즐겨야 제대로 된 빛을 발휘할 수 있다는 의미이다. 지금까지 우리가 공부하였던 모든 와인에 관한 학습들은 우리가 식사로 정한 메뉴와 어울리는 '와인'을 찾기 위한 긴 여정이었던 것이다.

　그렇다면, 와인을 먼저 골라야 할까? 음식을 먼저 골라야 할까?

　매일 똑같은 메뉴와 장소에서 같은 사람과 식사를 하는 것이 아니기 때문에 정답은 없다. 상황에 맞추어 그때마다 와인을 먼저 선택하기도, 음식을 먼저 선택하기도 하는 것이다.

　와인과 음식의 전문가들도 와인과 음식 매치를 위한 완벽한 지식은 없다고 얘기한다. 그 이유는 세상에는 셀 수도 없을 만큼의 와인과 요리, 재료 등이 존재하기 때문에 우리가 모든 와인과 요리를 알 수 없기 때문이다. 따라서 중요한 점은 '와인'과 '음식'은 놀라울 정도로 상호보완적인 역할로 시너지를 발산하는 능력을 가지고 있기에 와인과 음식에 대한 지식과 경험이 풍부한 것이 가장 큰 도움이 된다. 지금까지 본 교재를 학습한 목적이기도 할 것이다.

　와인과 음식이 완벽한 짝을 찾는다는 것은 매우 기분 좋은 일이다. 마치 남자와 여자가 결혼을 하는 것과 같다하여 와인과 음식의 궁합을 프랑스에서는 결혼(Mariage, 마리아주)이라고 표현할 만큼 때로는 기쁘고, 행복하고, 실망하는 어려운 인간의 삶에 비유하지 않았나 싶다.

또한, 와인과 음식의 궁합은 머리로 하는 두뇌게임이 아니라 남자와 여자가 만나 사랑에 빠져 결혼하는 것처럼 느낌으로 선택하는 것이다. 이런 비유에 고개를 끄덕이게 되는 이유는 와인은 음식과 궁합을 이루면서 때로는 새로운 세계를 보이기도, 행복감을 느끼기도, 끔찍함을 경험할 때도 있기 때문이다.

와인과 음식의 궁합이 잘 맞는다는 것은 함께 먹었을 때, 매우 조화로우며 입안에서 기분 좋은 단맛이 휘도는 것을 느낄 수 있다. 반대로 궁합이 맞지 않는다는 것은 함께 먹었을 때, 한쪽의 맛이 너무 강하다거나 심지어 철분(Fe)맛−금속맛 혹은 입안을 잘못 깨물었을 때 나는 피맛과 같은 느낌이 날 때이다.

사실, 와인과 음식의 매치는 최근에 등장한 개념이다. 과거에는 단순하게 같은 지역에서 생산되는 음식과 와인을 매치하는 것, 즉 신토불이(身土不二)의 개념이 일반적이었으나, 현대에는 좋은 음식과 적절한 와인은 하나의 팀이 되는 예술적인 형태까지 승화된 것이라고 볼 수 있다. 이는 인터넷처럼 정보를 수집할 수 있는 인프라가 없었던 과거와는 달리, 21세기에는 원하는 모든 정보는 물론, 쇼핑도 가능하기 때문에 변화된 모습이라고 볼 수 있다.

> 자기가 사는 땅에서 산출된 농산물이야 체질에 잘 맞는다는 뜻.

와인은 레몬이나 소금, 소스처럼 음식에 향미를 더해주고, 음식과 서로 상호보완 작용을 이루어 와인마리아주에 대한 행복감을 선사해줄 것이다. 와인과 음식의 공통점은 각각 구성요소, 질감(Texture), 풍미(Flavors)를 가지고 있기 때문에 이에 대한 개념을 이해한다면, 충분히 와인과 음식의 환상의 궁합을 맛볼 수 있다.

자, 최고의 와인마리아주를 위한 여행을 시작해보자.

1. 와인과 음식을 마주하는 자세

뜨거운 한 여름에 어떤 종류의 와인을 선택할 것인가? 레드와인보다는 오히려 상쾌함을 느낄 수 있는 스파클링 한 잔, 혹은 가볍고 톡톡 튀는 소비뇽 블랑을 선택하게 될 것이며 음식 역시도 이에 맞는 가벼운 것을 함께하게 될 것이다. 만약 추운 겨울에 화이트와인과 함께 식사를 하게 된다면, 톡톡 튀는 소비뇽 블랑보다는 오크향과 버터향이 진한 샤르도네를 떠올리게 될 것이다.

그러나 와인과 음식의 조화는 지식으로 조합하여 정답지를 작성하는 것이 아니라, 와인과 음식에 대한 풍부한 경험을 바탕으로 선택하는 것이다.

햄버거와 와인은 어울릴까? 메뉴만 생각한다면 의구심이 들겠지만, 테이크아웃으로 포장해온 햄버거이더라도 멋진 테이블 웨어와 센터피스 등으로 세팅한다면 그랑크뤼 와인과도 어울릴 수 있는 것이 페어링이다. 그러나 만약, 정성스럽게 패

야외에서 가볍게 포장해온 도시락과 와인의 조화

티를 만들고 손수 직접 만든 햄버거이더라도 야외에서 사람들과 함께 왁자지껄한 피크닉을 즐기며 먹는 경우라면, 오히려 그랑 크뤼는 그저 알코올이 있는 포도주스가 될 수 있다. 이때는 오히려 가벼운 레드나 로제가 더 어울릴 것이다. 이것이 바로 와인과 음식은 '느낌', '감성'으로 선택하는 것이라고 할 수 있다.

음식은 단맛, 신맛, 짠맛, 쓴맛, 감칠맛으로 5가지의 맛을 느낄 수 있다. 와인도 역시 마찬가지로 떼루아, 품종, 양조방법, 숙성정도, 온도 등에 따라 실크처럼 부드럽기도, 벨벳처럼 무거우면서도 부드럽기도, 캐시미어처럼 포근하면서도 부

치맥(치킨+맥주)이 아닌 치와(치킨+와인)의 조화. 특히 뵈브클리코의 조화는 마치 고급레스토랑에서 와인마리아주를 하는 것 같은 느낌이다.

드러울 수 있기 때문이다.

음식과 와인의 조화에서 고전처럼 전해져 내려오는 법칙이 하나 있다면, 앞서 설명한 신토불이이다. 즉, 같은 지역에서 재배되는 작물이 가장 잘 어울린다는 것이다. 물론 정답이긴 하지만, 때로는 오답이 될 수 있다.

내 인생 가장 최고의 피크닉은 남아공 테이블 마운틴에서 즐긴 와인 한잔이다.

스테이크와 레드와인은 와인마리아주의 기본이자 정석이지만, 샴페인과 스테이크의 조화는 규칙을 뛰어넘는 상상 이상의 조화이다. 샴페인의 기포가 육즙의 지방을 깨주며 입안 전체를 깔끔하게 해준다. 그리고 사실 샴페인은 모든 음식과 다 잘 어울린다.

오답이 되는 이유는 신토불이에서 설명할 수 있다. 만약 프랑스 요리를 먹는다고 가정한다면, 프랑스와인을 선택해야 한다. 그러나 대한민국에 거주하는 우리가 프랑스 요리를 얼마나 접할 수 있겠는가? 따라서 기본을 익히는 것이 중요하다. 기본이라 함은 와인을 해석할 수 있는 능력을 말하는데, 품종과 생산지역에 대한 특징을 알아야 하고, 음식의 경우는 음식에 사용된 재료, 사용된 소스, 풍미 등에 대한 이해가 필요하다.

2. 와인마리아주의 고전

"생선에는 화이트, 고기에는 레드"라는 문구는 와인을 즐겨 마시지 않는 사람도 한번쯤은 들어본 와인마리아주의 고전 혹은 전통적인 법칙이자 규칙이다.

첫 번째 전통적인 규칙은 생선에는 화이트와인이다. 화이트와인은 레드와인보다 산도가 매우 높다. 생선의 단백질과 생선회의 멸균을 위해서는 '산도'가 필요하다. 따라서 화이트와인의 산도가 생선을 좀더 감칠맛 나고 안전하게 먹을 수 있게 도와준다.

두 번째 전통적인 규칙은 고기에는 레드와인이다. 레드와인에는 있고, 화이트와인에는 없는 것이 '타닌'인데, 레드와인을 양조할 때에는 반드시 껍질과 함께 양조하며 껍질에 들어있는 타닌과 색깔을 추출하기 위함이다. 따라서 고기의 지방질은 타닌이 분해해주므로 고기와 와인이 잘 어울리는 이유도 바로 '타닌'이라고 설명할 수 있다.

이처럼 '생선에는 화이트, 고기에는 레드' 외에 가장 전통적으로 전해오는 마리아주 규칙에 대해 알아보자.

① 샴페인과 캐비어 : 입속에서 톡톡 터지는 촉감이 비슷하기 때문이다.

② 샤블리와 굴 : 부르고뉴에 속한 샤블리는 약 2억 만 년 전에 바다였다가, 해저융기로 인해 육지가 된 곳이다. 바닷 속에 있던 각종 조개류와 어패류, 화석으로 묻힌 쥐라기 시대의 공룡들로 인해 샤블리의 토양은 석회질이 매우 풍부하다. 따라서 석화굴과 샤블리는 최고의 궁합으로 꼽힌다. 142p. 참고

③ 뮈스카데와 굴 : 일반적으로 굴과 어울리는 와인은 샤블리 외에는 잘 모르는 경우가 많은데, 사실 뮈스카데의 생산지인 루아르는 굴 생산지인 바다와 인접되어 있다. 뮈스카데는 가볍고 미네랄 터치가 풍부하며, 강하지 않고 미세하게 느껴지는 단맛이 굴과 매우 잘 어울린다.

④ 끼안띠와 토마토소스 파스타 : 토마토는 산미가 풍부한 식재료이

다. 이러한 산미 때문에 토마토와 레드와인은 잘 어울리지 않는데, 끼안띠 와인은 산지오베제라는 품종의 특성 때문에 토마토소스와 찰떡궁합이다.

⑤ 포트와 스틸턴치즈 : 적절한 산미와 강한 짠맛의 스틸턴은 주정강화와인이면서 스위트한 포트와인과 최고이다. 포트의 단맛이 치즈의 쌉쌀한 맛에 밸런스를 맞춰주게 된다.

⑥ 까바와 타파스, 올리브, 감자칩 : 스페인의 핑거 푸드인 타파스는 까바와 매우 잘 어울린다. 와인의 높은 산도가 짭짤한 감자칩 혹은 스낵류와 최고이다.

캐비어

토마토소스 파스타

올리브

하지만, 세상의 모든 규칙과 마찬가지로 와인에 관한 규칙 역시, 깨지기 마련이다.

즉, 붉은색인 고기류와 화이트와인을 마신다고 해서 세상이 바뀌거나 부끄러운 행동이 아니다. 사실 풀바디한 샤르도네, 피노그리 혹은 세미용은 고기류를 먹을 때, 매우 맛있게 어울릴 수 있다. 마찬가지로, 보졸레혹은 피노 누아와 같이 가벼운 레드와인은 특히, 연어나 참치와 같이 풍미가 풍부하고 질감이 있는 생선류와 잘 어울릴 수 있다. 보르도에서는 풍미가 짙은 흰살 생선을 포함하여 대부분 클라레(Claret)를 즐겨 마시고 있다.

124p. 사진 참고

그런데 깨진 규칙 속에서 규칙이 보이지 않는가? 바로, 완성된 음식의 색깔과 와인의 색을 맞추어서 선택하는 것이다.

예를 들어, 소고기와 돼지고기를 비교해보자. 둘 다 육류에 속하지만,

소고기는 조리가 되면 진한 갈색으로 변하고, 돼지고기는 밝은 회갈색이 된다. 따라서 소고기는 레드와인과 어울리고 돼지고기는 화이트와인과 어울린다. 생선류도 마찬가지이다. 광어, 우럭, 조기와 같은 흰살 생선은 회로 먹거나, 불에 굽든, 탕으로 끓이든, 찜으로 해도 흰색이므로 화이트 와인과 어울린다. 연어와 참치는 회 혹은 그릴 스테이크로 조리를 해도 붉은색이다. 따라서 레드와인이 어울리는데, 생선에 함유되어 있는 단백 질의 종류가 육류의 단백질과 성분이 조금 다르므로 산미가 있는 레드와 인(피노 누아, 피노 타쥐)이나 로제와인이 잘 어울린다.

즉, 규칙과 관계없이 맛있는 음식이라면 어떤 와인이라도 매치가 된 다는 것이다. 우리가 먹는 모든 음식에 완벽한 와인을 찾기란 우리의 인 생이 너무 짧다.

페리에 주에(Perrier-Jouet) 샴페인과 마트 생선회 마트 포장음식과 샴페인의 조화는 와인마리아주는 답이 없음을 다시금 깨닫게 해주는 계기가 되었다.

샤또 몬텔레나 샤르도네 (Chateau Montelena Chardonnay)와 육전

3. 감각 피라미드 훈련

음식문화를 살펴보면, 한국은 한상에 모두 차려놓고 식사를 하며, 일 본은 개인접시를 이용하여 트레이에 담아 나오고, 중국은 많은 양을 큰

접시에 담고 각자 덜어먹는 등 아시아 국가임에도 불구하고 각국의 식사문화가 다름을 알 수 있다. 서양의 식사문화는 코스로 음식을 즐기는 것이다. 예를 들어 애피타이저 – 수프 – 샐러드 – 스테이크 – 디저트 순으로 식사를 하게 된다면, 와인은 언제 마셔야 할까? 이것이 가장 큰 숙제이지 않을까 싶다.

각 코스마다 어울리는 와인을 즐기는 것이 정석이긴 하지만, 와인문화가 익숙하지 않은 경우 쉽지 않은 선택이 된다. 따라서 코스로 식사를 하거나, 코스가 아니더라도 한 접시에 모든 음식이 담겨 나오게 된다면, 두 가지를 생각하면 된다.

첫째, 전반적인 음식의 느낌이 어떤지 떠올려 본다. 신맛이 많은지, 단맛이 많은지, 진한지, 연한지 등을 생각해보면 된다.

둘째, 어떤 음식에 초점을 두고 선택할 것인지 결정하면 된다. 즉, 모든 음식에 와인을 맞출 수 없다면, 가장 메인이 되는 음식에 초점을 두고 와인을 고르면 된다.

그렇다면, 와인이 먼저 선택된 경우에는 어떻게 해야 할까? 이때는 포도품종별, 와인 생산지역별 특징에 대한 지식이 능력을 발휘할 때이다. 와인마다 특징 있는 풍미, 예를 들면 드라이(dry), 입안에서 바삭바삭할 정도의 산미(crispy), 오크(oak), 타닌, 버터향, 풀향, 향신료와 꽃향 등을 가지고 있다. 그러므로 음식 맛과 와인 맛의 완벽한 조화를 찾을 때는 각각의 모든 맛을 상상하면서 다양한 맛을 상상한 뒤 찾아야 한다. 그러나 가장 중요한 점은 와인의 산도는 매우 중요한 요인임을 기억해야 한다.

이처럼 와인과 음식 페어링에 대한 학습을 하기 전에 구성요소, 질감, 풍미에 대한 미각 계층에 대해 먼저 정리하고자 한다. 와인이 먼저인지 음식이 먼저인지 혹은 어떤 것이 더 중요한지에 대한 정답은 없지만, 와인과 음식의 상호보완을 찾기 위해서는 이 둘의 질감이나 바디감이 어떤지, 풍미는 어떤지, 미각(단맛, 짠맛, 쓴맛, 신맛)의 정도는 어느 정도인지에 대해 모두 고려해야 한다.

따라서 구성요소, 질감, 풍미에 대한 감각 피라미드–맛의 계층(Sensory pyramid—A Hierarchy of Taste)이 무엇인지 알아본 뒤, 와인의 감각 피라미드와 음식의 감각 피라미드가 어떻게 구성되어 있는지 살펴보도록 하자.

1) 구성요소(Components)

구성요소란 가장 기본적인 개념으로 입안에서 인지 하는 맛이라고 볼 수 있다. 이는, 요리에 대한 긍정적 인 경험들이 쌓이면서 더 쉽게 인지할 수 있게 된다. 전 형적인 구성요소는 단맛, 짠맛, 쓴맛, 신맛이다.

표 11-1 · 와인과 음식 각각의 구성요소

와인의 구성요소	음식의 구성요소
당도(dry or sweet) 산도(acidity) 기포(bubbles)	단맛 짠맛 쓴맛 신맛

2) 질감(Texture)

질감은 바디감(Body), 힘(Power), 무게감(Weight), 구조감(Structure)으로 정의되고 있다. 와인과 음식에 대한 질감은 마치 "접착제" 혹은 "시멘트"처럼 둘 사이를 딱 붙이게 하는 역할을 하게 된다. 또한 와인과 음식을 제공하는 온도도 질감에 영향을 미치는 요인이 된다. 예를 들어, 칠링(Chilling)이 덜 된 스파클링와인의 경우, 매우 밋밋하게 느껴지며, 레드와인의 온도가 너무 차갑다면, 아로마와 부케는 전혀 나지 않고 타닌만 느껴지는 최악의 경험을 하게 될 것이다. 만약 와인마다 적절한 온도를 측정하기 어렵다면, 다음의 사진과 같은 와인온도계를 사용해도 좋다. 다음의 사진과 〈표 11-2〉를 참고하여 적정온도를 숙지하여 와인을 서비스해야 한다.

표 11-2 · 와인 서비스 적정온도

와인 스타일	와인의 종류 (지역 혹은 품종)	적정온도(℃)
타닌이 풍부한 레드와인	호주 쉬라즈 혹은 까베르네 소비뇽 프랑스 보르도, 론(샤또 네프 뒤 파프) 빈티지 포트	17 ~ 18
미디움 바디 레드와인	남프랑스 이탈리아 북부 스페인 리오하 피노 누아 발폴리첼라 영한 끼안띠	14 ~ 16
가벼운 타닌의 레드와인	영한 보졸레 영한 스페인	12 ~ 13
풀바디와 아로마가 강한 화이트와인 스위트와인 로제와인 쉐리 & 화이트포트	샤르도네 소떼른 알자스 샤블리 리슬링 상세르 소비뇽 블랑	10 ~ 13
스위트와인	토카이 샴페인 스파클링	8 ~ 10
저렴한 스파클링와인(1만원대)		5 ~ 7

뒷면에 와인별로 적정 온도에 대한 가이드라인이 제시되어 있다.

와인병 온도측정
테이스팅의 적정 온도를 쉽게 알려주는 스냅(Snap)형 온도계

테이스팅 하고자 와인에 착 감기면서 가운데 검은색 부분에 현재 와인병의 온도가 보인다. 혹시, 가이드라인에서 제시한 온도와 상이하다면, 와인을 칠링 혹은 상온에 두어 적정 온도를 맞추면 된다.

일반적으로 질감의 순서는 부드러운 → 진한 순서로 가는 것이 안전하지만, 와인과 음식 모두 같은 순서로 가는 것은 안전하기도 하고, 위험하기도 하다. 만약 아주 파워풀하고 바디감이 무거운 와인은 입안을 꽉 채우는 질감과 짙은 풍미가 있어서 미각을 깨우지만, 섬세한 요리와 마시면 요리의 맛을 잃게 하고, 양념이 진한 요리와는 조화되지 못할 수 있기 때문이다.

일반적으로 풍부하고 강한 맛의 음식인 경우 와인도 역시 강한 스타일로 선택하고, 향신료가 강한 음식의 경우 가볍고 산도가 조금 높은 와인을 선택하는 것이 좋다.

따라서 와인과 음식 페어링에서 질감은 조화와 밸런스를 찾아야 한다.

표 11-3 · 와인과 음식 각각의 질감

와인의 질감	음식의 질감
타닌 알코올 도수 오크 종류 및 숙성기간* 종합적인 바디감	단백질의 지방 수준 요리방법 종합적인 느낌

*오크 숙성은 기간에 따라 컬러, 바디, 풍미과 아로마에 영향을 미치기 때문에 음식과 페어링할 때 이 부분을 고려해야 한다.

3) 풍미(Flavors)

풍미(Flavors)는 앞서 설명한 구성요소(Components)와 혼동될 수 있지만, 풍미는 아로마와 맛에 기본을 두고 구분하면 된다. 즉, 풍미는 후각을 통해 들어오는 냄새가 맛으로 연결되어 느껴지는 것이다.

풍미는 와인과 음식 페어링에서 '건축적인 요소'처럼 작용하게 되는데, 건물과 마찬가지로 감각계층 피라미드(=건물)에서 풍미가 가장 꼭대기에 위치하게 된다. 즉, 페어링에서 기초(=구성요소)와 접착제(=질감)가 결정되면, 최종적으로 우리는 '맛'을 고려하여 결정하는 것이다.

일반적인 풍미의 표현에는 과일스럽고(fruity), 견과류(nutty), 훈연

(smoky), 야채(berbal), 맵고(spicy), 치즈(cheesy), 땅(earthy), 고기맛(meaty) 등으로 묘사된다. 페어링할 때는 와인 혹은 음식에서 느껴지는 강도와 풍미의 지속성을 고려하는 것이 중요하다.

표 11-4 · 와인과 음식의 풍미

와인과 음식의 풍미 고려사항
맛의 종류
맛의 지속성
맛의 강도
향신료의 특징

표 11-5 · 특별한 풍미를 가지고 있는 포도품종 및 와인의 종류

와인 풍미의 종류	화이트와인의 종류	레드와인의 종류
과일(Fruity)	게뷔르츠트라미너 뮈스카 피노 그리지오 / 피노 그리 리슬링 소아베	바르베라 보졸레 돌체토 메를로(캘리포니아주, 오레건주, 워싱턴주) 영한 피노 누아 발폴리첼라
견과류(Nutty)	피노 쉐리 아몬틸라도 쉐리	
스모키(Smoky)	숙성된 부르고뉴 오크 숙성 샤르도네 (신세계, 호주, 캘리포니아주, 칠레 일부지역)	숙성된 바롤로 & 바르바레스코 숙성된 까베르네 소비뇽(호주, 칠레) 숙성된 리오하
허브(Herbal)	퓌메 블랑(캘리포니아주, 워싱턴주) 푸이-퓌메 상세르 소비뇽 블랑(신세계, 뉴질랜드 일부지역)	영한 보르도 까베르네 프랑(온타리오주) 까베르네 소비뇽 (영한 캘리포니아주, 오리건주, 워싱턴주)
버터향(Buttery)	다수의 오크 숙성 샤르도네 (캘리포니아주, 워싱턴주, 호주)	몇몇의 스페인 리오하의 템프라니요 품종을 젖산발효 한 경우
꽃향(Floral)	모스카토 다스티 뮈스카 게뷔르츠트라미너	브라케토 다퀴(장미향)
흙냄새(Earthy)	대부분의 프랑스 숙성된 부르고뉴 몇몇 숙성된 샤르도네	숙성된 보르도 숙성된 부르고뉴 끼안띠 시라/쉬라즈(워싱턴주, 꼬뜨 드 론, 남아공)

와인과 음식 페어링
실전파트

CHAPTER 12

와인과 음식 페어링
실전파트

지금까지 와인과 음식 페어링, 즉 마리아주에 대한 이해와 전통적인 법칙, 감각피라미드에 대해 살펴보았다. 이번 12장에서는 레스토랑에서 혹은 가정에서 식사를 할 때, 적용할 수 있는 실전파트이다. 누군가에게 와인선물을 받았다면, 어떤 음식하고 먹어야 할까? 혹은 레스토랑에서 메뉴를 선택한 후 어떤 와인을 골라야 할까? 이런 상황일 때 어떤 요인들을 고려하면 좋을지 한 번 학습해보도록 하자.

> 마리아주는 와인과 음식의 궁합을 뜻하는 프랑스어이다. 마리아주, 페어링, 궁합, 조화 모두 같은 의미이며 본문에서는 내용에 따라 적절한 단어를 선택하여 설명하였다.

1. 와인을 중심으로 선택하는 경우

와인을 중심으로 선택하는 경우, 와인의 산도, 타닌, 알코올, 숙성 정도, 바디감, 오크향, 당도 등을 고려하여 선택해야 한다.

1) 산도(Acidity)

산도가 있는 와인과 산도가 있는 음식을 매치할 때는 심사숙고해야 한다. 튀김요리에 레몬즙을 뿌려 먹는 것처럼, 와인의 산도는 음식의 기름기를 낮춰줄 때 뿌려주는 레몬즙과 같은 역할을 해준다. 무거운 향미에 생기를 주고, 미각을 감싸고 있는 지방막을 제거하는 역할을 한다.

따라서 소비뇽 블랑처럼 산도가 매우 높은 와인은 생선회, 치킨을 포함한 튀김류, 파전 혹은 김치전과 같은 전류, 향신료의 결정체라고 할 수 있는 카레와 같은 음식과 균형을 맞추는 데 유용하다.

파전

유린기

생선회

2) 타닌(Tannin)

타닌은 입을 가볍게 조이고, 와인의 향미를 입안에 머물게 한다. 그러나 타닌이 강할 때는 입을 마르게 하고, 심지어 톡 쏘는 느낌도 준다. 타닌은 단백질과 쉽게 결합하기 때문에 타닌이 풍부한 와인을 마시게 되면, 입속의 단백질과 결합하기 때문에 입안이 마르는 느낌을 받게 되는 것이다.

이는 스테이크와 타닌이 풍부한 와인을 마시게 되면, 와인의 타닌과 스테이크의 단백질과 결합하여 고기는 부드럽게 느끼게 되고, 입도 마르지 않는다. 타닌은 향미도 강하기 때문에 치즈향이

스테이크

송로버섯 리조또

강하고 진한 음식도 충분히 잘 어울릴 수 있다.

3) 알코올(Alcohol)

알코올은 음식에는 없는 유일한 요소이다. 와인의 알코올은 포도의 단맛과 향미 속에 함유되어 있다. 매운맛의 음식에 알코올 도수가 높은 와인은 마치 불쏘시개와 같은 역할을 하기 때문에 약간 달콤하고 알코올 도수가 낮은 리슬링(독일) 혹은 화이트 진판델이 훨씬 더 좋다. 알코올은 짠맛과도 어울리지 않는다. 알코올 도수가 높은 와인은 향미도 강하고 진한 스타일의 와인이기 때문에 진한 크림소스는 어울릴지 몰라도, 섬세한 요리에는 그다지 어울리지 않는다.

4) 숙성 정도(Age / Maturity)

숙성이 오래된 와인은 강한 풍미로 인해 압도될 수도 있다. 복합적인 향을 가지고 있는 와인이라면, 와인과 대비되도록 조리법이 비교적 단순한 음식을 매치하는 것이 좋다. 예를 들어, 그릴 스테이크와 숙성된 보르도 와인을 함께하는 것이다.

5) 바디감(Body)

와인을 기억하는 데 있어서 바디감 혹은 무게감을 인지하고 있는 것은 매우 중요하다. 묵직하고, 풀바디한 와인의 경우 뵈프 부르기뇽(Bœuf Bourguignon)과 같이 풍미가 풍부한 음식과 잘 어울린다.

> 뵈프 부르기뇽이란 부르고뉴식 소고기 스튜인데, 레드와인에 소고기, 양파, 마늘, 버섯 등을 넣고 뭉근히 익힌 음식이다.

6) 오크(Oak)

오크향이 남아 있는 영한 와인은 미묘하게 음식을 골라야 하는 경향이 있다. 그 이유는 영하고 오크향이 많이 나는 샤르도네는 종종 짭짤한 스낵류와 함께 식전주로 서비스되곤 한다. 와인의 미묘한 오크향은 크게 문제되지 않는다. 바닐라, 오크터치, 토스트, 버터와 같은 풍미의 진한 오크향은 와인을 좀 더 무겁게 느끼게 해준다. 따라서 음식도 향미가 강한 것과 잘 어울린다.

7) 당도(Sweetness)

스위트와인은 반대되는 매운 짠 블루치즈나, 푸아그라와 매우 잘 어울린다. 달콤한 음식은 와인의 풍미를 왜곡하고, 드라이한 와인의 맛을 무미건조하게 만드는 경향이 있다.

그러나 유유상종이라고 달콤한 디저트와 스위트와인의 조화도 잘 선택하면 매우 훌륭한 궁합이 될 수 있다.

빈티지포트와 초코케익

2. 포도품종에 따른 페어링

3장에서 포도품종에 따른 특징을 모두 살펴보았다. 포도품종에서 정리한 내용을 복습하는 개념으로, 포도품종과 어울리는 음식을 찾아보자.

1) 청포도 품종과 페어링

청포도 품종의 특징을 고려하면서 어울리는 음식을 떠올려 보자. 세미용은 주로 블렌딩 품종이기 때문에 제외하였다.

청포도 품종 중 샤르도네는 화이트와인을 가장한 레드와인이라고 생각해도 된다. 품종 특징에서도 설명하였지만, 따뜻한 지역에서 생산되고 오크 숙성된 샤르도네라면, 바닐라, 버터, 오크향과 함께 바디감, 알코올 도수도 높기 때문에 화이트 육류와 매치하면 거의 실패가 없다.

리슬링, 게뷔르츠트라미너와 같이 화려한 향과 유질감, 단맛이 느껴진다면 매콤한 한식이나, 향신료가 가득한 중식과 함께 즐기면 좋다. 소비뇽 블랑, 베르데호처럼 산도가 높은 품종이라면, 생선류, 튀김류와 찰떡이다.

만약, 포도품종 이름도 생소하고, 특징도 전혀 예상이 안 된다면 몇 가지 팁이 있다.

첫 번째, 생산 국가를 확인한다. 생산 국가를 확인하면, 세계지도에서 대충 위도가 확인될 것이다. 추운 지역이라면, 와인의 아로마가 풍부하고, 산도가 높으며, 약간 단맛이 날 수 있다. 더운 지역이라면, 알코올 도수가 높고, 산뜻한 아로마 보다는 묵직한 열대과일의 아로마가 풍부할 것이다.

두 번째, 와인의 색이 아니라 병의 색깔을 확인한다. 아래 사진처럼 갈색톤으로 보이는 화이트와인은 대체로 열대과일의 아로마, 묵직한 바디감, 버터향, 바닐라터치 등이 느껴진다. 초록색톤으로 보이는 화이트와인은 대체로 톡톡 튀는 산도, 가벼운 바디감, 풋사과 등의 상큼한 와인의 스타일인 경우가 많다.

항상 그런 것은 아니니, 와인과 음식의 경험치를 쌓으면서 더 많은 궁합을 찾아보시기를.

녹색빛이 나는 병은 약간 산도가 있는 와인 스타일

황금빛이 나는 병은 열대과일(파인애플, 망고), 버터향이 느껴지는 와인 스타일

표 12-1 · 청포도 품종과 어울리는 음식

품종명	특징	어울리는 음식
샤르도네	- 화사한 열대 과일향 - 장기 숙성 가능	- 서늘한 지역 : 석화굴, 조개류 - 따뜻한 지역 : 전복, 가리비, 크림 소스, 삼계탕, 목살스테이크, 수육 - 전가복
소비뇽 블랑	- 미네랄 풍부 - 톡톡 튀는 상큼함	- 튀김류(치킨, 오징어 튀김과 최고) - 봉골레파스타 - 각종 조개류와 생선구이 - 양장피

리슬링	- 풍부한 아로마
	- 높은 산도와 페트롤향
	- 장기 숙성 시 꿀, 견과류의
	  아로마
		- 삼겹살, 매운 닭볶음, 매운 닭발
		- 샐러드, 과일
		- 독일의 BA&TBA인 경우는 푸아
		  그라, 블루치즈, 케익류
		- 탕수육

모스카토	- 흰 꽃향 - 이국적인 열대과일 - 기분 좋은 단맛과 낮은 알 코올 도수	- 생크림 케익 - 꿀떡, 과일타르트
베르멘티노	- 매력적인 꽃향 - 풍부한 산도 - 신선함	- 전복요리 - 꽃게찜 등 갑각류

피노그리	- 서양배, 아몬드의 아로마
	- 드라이하고, 유질감(Oily)
	  느껴짐
		- 대부분의 모든 음식과 무난하게
		  잘 어울림
		- 오일 파스타, 봉골레 파스타

게뷔르츠트라미너	- 과일 및 리치 등의 화려한 아로마	- 대부분의 한식과 잘 어울림 - 된장찌개, 김치찌개, 오징어볶음 등
베르데호	- 허브향, 상큼함	- 생선구이. 생선회 - 돼지고기 수육, 콩불고기
슈냉 블랑	- 화려한 꽃향기, 상큼한 과 일, 향신료 - 스파클링 양조용으로도 사용	- 오일 혹은 크림 파스타 - 스파클링인 경우 : 치킨, 닭강정 - 랍스터구이
비오니에	- 부드럽고 아로마 풍부	- 각종 씨푸드, 생선구이 - 샐러드

다양한 해산물 요리와 화이트와인

포르투갈의 도우로 지역은 문어요리로 유명하다.

2) 적포도 품종과 페어링

적포도 품종의 특징을 고려하면서 어울리는 음식을 떠올려 보자. 적포도는 껍질과 함께 양조하기 때문에 타닌감을 가지며, 숙성탱크, 숙성기간에 따라 와인의 스타일이 매우 다양하게 나타난다. 따라서 적포도는 품종 및 생산지역, 와인 스타일에 대한 이해가 중요하다.

대체로 레드와인은 고기류와 잘 어울리기는 하지만, 어떤 조리방법과 소스를 사용했는지를 고려해야 한다. 적포도 품종 중에서 피노 누아는 레드와인을 가장한 화이트와인이므로, 고기에는 레드와인이라는 법칙을 보기 좋게 깨트려주는 품종임을 기억하자.

덥고 건조한 기후의 레드와인은 알코올 도수가 매우 높기 때문에 음식을 너무 가벼운 것으로 선택하는 경우, 한쪽으로 치우쳐지는 경우가 있으니 주의하자. 만약 알코올 도수가 높고, 풀바디한 와인을 식사와 바로 곁들여야 한다면, 디켄팅을 활용한 것도 한 가지 방법이다. 디켄터가 만약 없다면, 와인 에어레이터(Wine aerater)라고 하여 와인병 입구에 꽂는 도구가 있다. 이 도구를 사용하면, 디켄팅 만큼의 드라미틱한 효과는 없어도, 와인 브리딩(Breeding, Aeration)을 빠른 시간에 해결하여 부드러운 와인으로 즐길 수 있다.

청포도 품종처럼, 적포도 품종도 와인병만 보고 스타일을 예상할 수 있는 팁이 있다.

스페인과 캘리포니아의 레드와인은 알코올 도수 14~15%인 경우가 많다.

와인과 산소와 만나는 과정을 브리딩(Breeding) 혹은 에어레이션(Aeration) 이라고 한다. 113p. 사진 및 설명 참고

첫 번째는 생산 국가이다. 청포도와 마찬가지로 생산 국가를 확인한 뒤, 서늘한 기후인지 따뜻한 기후인지 파악한다. 서늘한 기후에서는 포도껍질이 얇기 때문에 타닌감도 부드럽고, 와인색도 연하다. 따라서 등심 스테이크처럼 지방이 많은 음식과는 잘 어울리지 않는다. 따뜻한 기후에서는 포도껍질이 두꺼워 풀바디한 타닌과 거의 검은색에 가까울 정도의 핏빛 색상인 경우가 많다. 따뜻한 기후에서 생산된 레드와인은 바비큐, 그릴드 스테이크류, 소고기, 양고기와 잘 어울린다.

두 번째는 와인병의 형태이다. 레드와인병을 유심히 살펴보면, 어깨가 있는 병과 없는 병이 있다. 어깨가 없는 병은 주로 부르고뉴 혹은 피누 누아와 같은 품종이 많이 사용하는데, 이는 타닌감이 부드럽기 때문에 침전물이 생기지 않아, 어깨가 없는 병을 사용하는 것이다. 어깨가 있는 병은 어깨에 와인이 한 번 멈칫함과 동시에 침전물이 글라스에 들어오지 않도록 도와주는 역할을 하기 때문에 보르도, 칠레 혹은 까베르네 소비뇽과 같은 품종이 많이 사용한다.

적포도 품종도 다양한 스타일의 와인과 음식을 자주 경험해 보는 것만이 마리아주 완성을 위한 정도(正道)일 것이다.

어깨가 없는 병은 타닌이 부드러운 와인

어깨가 있는 병은 타닌이 풍부한 와인

표 12-2 · 적포도 품종과 어울리는 음식

품종명	특징	어울리는 음식
까베르네 소비뇽	– 블랙 커런트, 두꺼운 껍질 – 풍부한 타닌	– 소고기 혹은 양고기 스테이크 – 아롱사태찜
피노 누아	– 서늘한 기후대를 선호. – 딸기향, 얇은 껍질 – 풍부한 꽃향, 기분 좋은 산도	– 연어, 참치 – 돼지고기 파테(pâté)
메를로	– 자두향, 레드 커런트 – 얇은 껍질로 높은 당도와 알코올 – 우아하고 견고한 타닌	– 불고기, 떡갈비, 돼지갈비 – 안심스테이크, 양갈비 – 양꼬치 (몰디브 메를로와 매우 잘 어울림)
시라/쉬라즈	– 풍부한 향신료의 향과 묵직한 타닌 – 적보랏빛	– 양갈비, 양꼬치 – 순대, 족발
까베르네 프랑	– 풍부한 과일향	– 장어구이
산지오베제	– 높은 산미와 과일향이 풍부 – 투명하고 맑은 와인	– 토마토 소스를 활용한 모든 이탈리아요리
네비올로	– 높은 산도와 알코올 – 풍부하고 힘이 넘치는 와인	– 스테이크
바르베라	– 좋은 색상과 낮은 타닌 – 훌륭한 균형감	– 치즈 – 크림소스의 소고기 스튜
말벡	– 풍부한 타닌, 진한 색상 – 어릴 때(young) 훌륭함	– 스테이크 – 다크 초콜릿
템프라니요	– 열매가 빨리 익는 특징 – 잘 익은 딸기와 체리향	– 양고기 스테이크
피노타지	– 피노 누아의 산미 + 쌩쏘의 타닌 – 산미가 풍부한 레드와인	– 참치회, 참치 스테이크
갸메	– 루비색과 풍부한 과일향 – 산뜻한 산미	– 돼지고기 수육
가르나차 / 그르나슈	– 진한 색상, 높은 알코올 – 달콤한 풍미	– 양고기 – 피자, 치즈
진판델	– 산딸기, 블랙베리, 꽃향 – Jammy, Juicy	– 바비큐 폭립 – 고추잡채

> 파테는 간이나 내장 등의 돼지고기 부속물이나 채소, 생선살 등을 갈아 빠떼라는 밀가루 반죽을 입힌 다음 오븐에 구운 정통 프랑스 요리이다.

스테이크

양갈비 스테이크

돼지고기 파테

참치회

3. 생산지역에 따른 페어링

수백 종의 포도품종에 대한 지식이 부족할 때, 우리는 생산 국가를 보고 와인을 선택하곤 한다. 다음은 와인 생산 국가와 지역에 따른 추천 품종과 음식의 페어링이다. 또한 어떤 이유에서 어울리는지에 대한 설명으로 와인과 음식을 페어링할 때, 생산지역이 신토불이의 개념에서 어울리는지 혹은 감각 피라미드의 개념으로 어울리는지 이해하는 것이 좋다.

표 12-3 · 생산지역에 따른 페어링

생산지역		와인과 음식 페어링	페어링 이유
프랑스	보르도	보르도 레드와 양고기	- 육즙이 풍부한 양고기와 와인의 타닌이 입안을 부드럽게 해줌. - 양고기의 강한 질감과 맛은 까베르네와 메를로를 블렌딩한 와인과 잘 어울림.
		소떼른과 푸아그라	- 소떼른 와인과 푸아그라의 페어링은 전통적 - 소떼른의 산미가 푸아그라의 느끼함을 없애줌.
	부르고뉴	부르고뉴 레드와 코코뱅	- 흙냄새와 양파, 버섯, 닭 등의 자연에서 오는 향기가 부르고뉴 레드의 흙냄새와 잘 어울림.
	샹파뉴	샴페인과 캐비어, 육회, 스테이크	- 샴페인의 거품과 캐비어의 톡톡 튀는 조화는 전통적 - 육회의 신선함과 소스의 풍미는 샴페인의 산미와 조화로움. - 스테이크의 지방질을 샴페인의 산미와 효모향이 부드럽게 해줌.
	론	남부론 와인과 양고기	- 양고기의 풍부하고, 야성미 넘치는 맛은 풍미가 넘치는 와인과 매우 좋음.
	루아르	상세르 혹은 푸이-퓌메와 염소치즈	- 염소치즈와 산도가 매우 높은 소비뇽 블랑의 결혼
	알자스	알자스 리슬링과 야채, 감자, 양파 등과 함께 요리된 돼지고기	- 리슬링의 산도가 돼지고기의 느끼함을 없애줌.

이탈리아	피에몬테	바르바레스코, 바롤로와 화이트 트러플(송로버섯)	- 화이트 트러플의 아로마는 네비올로와 만나면, 아로마가 극대화
	토스카나	끼안띠와 비스테까 알라 피오렌티나(Bistecca alla Fiorentina)*	- 산지오베제와 그릴 비프(스테이크)의 조화 - 레드와인의 타닌과 풀바디한 음식은 환상의 조화
스페인 리오하		리오하 레드와 마늘이 들어가 있는 올리브오일 곁들인 버섯	- 버섯, 엑스트라 버진 올리브오일, 마늘의 자연의 맛과 리오하 레드와인 풍미가 조화로움.
포르투갈		포트와 치즈	- 포트와 블루치즈(스틸턴, 고르곤졸라)의 페어링은 전통적
독일		높은 산도의 리슬링과 육류	- 특히 돼지고기의 단맛과 리슬링의 산도는 매우 조화로움.
미국	캘리포니아주	샤르도네와 버터를 바른 게 요리	- 샤르도네의 버터향과 버터를 바른 게 요리는 게의 단맛과 샤르도네의 가벼운 산도가 매우 잘 어울림.
	워싱턴주	리슬링, 세미용, 소비뇽 블랑과 굴	- 바다향과 미네랄향이 풍부한 굴에 레몬즙을 살짝 뿌려서 산도가 매우 높은 워싱턴주 화이트와인의 조화
	오리건주	피노 누아와 연어	- 높은 산도, 부드러운 타닌의 피노 누아와 연어의 지방질의 조화
캐나다		아이스와인과 디저트	- 아이스 와인의 단맛과 신선한 산도가 디저트의 단맛과 어울러져 맛의 상호작용을 일으킴.
호주		쉬라즈와 그릴 스테이크, 양갈비 스테이크	- 유칼립투스향이 특징인 쉬라즈와 매우 조화로움.
뉴질랜드		소비뇽 블랑과 뉴질랜드 퓨전음식	- 칠리, 라임, 열대과일이 들어간 퓨전요리는 유럽에서 유래 - 소비뇽 블랑의 높은 산도, 드라이한 특징이 퓨전요리와 잘 어울림.
남아공		피노타지와 바비큐	- 영양고기**, 사슴, 양고기, 소시지와 타닌감이 풍부한 레드는 지방질을 부드럽게 해줌.

아르헨티나	말벡과 비프	– 로스트 혹은 바비큐의 비프와 말벡은 매우 이국적인 느낌
칠레	까베르네 소비뇽과 비프	– 까베르네 소비뇽과 스테이크의 조화는 타닌과 지방질이 매우 조화로워 입안을 부드럽게 해줌.
	(저렴한) 까베르네 소비뇽과 짜장라면	– 까베르네 소비뇽의 타닌감과 블랙베리 아로마가 짜장라면의 소스와 매우 잘 어울림.

*비스테까 알라 피오렌티나(Bistecca alla Fiorentina) : 피렌체 스타일의 비프 스테이크
**영양 : 아프리카나 아시아에서 볼 수 있는 사슴 비슷한 동물

4. 음식을 중심으로 와인을 선택하는 경우

음식을 먼저 고른 후, 어울리는 와인을 고르는 경우라면, 첫 번째는 우리 입안의 미각에 집중하면 되는데, 음식의 기름기, 짠맛, 매운맛, 단맛, 신맛 등을 생각하면서 와인을 고른다.

두 번째는 만약 코스로 음식을 즐기는 경우라면, 코스에 맞추어서 와인을 정해도 좋다.

1) 미각을 중심으로 와인 선택

① 기름기

기름기는 지방 혹은 유질감으로 표현할 수 있는데, 튀김류나 스테이크처럼 눈에 보이는 경우도 있고, 감자칩처럼 촉각으로 느껴지긴 하지만 눈으로는 확인이 어려운 경우도 있다.

기름기가 풍부한 음식을 먹게 되면, 입속에 막이 형성되어 와인의 섬세한 풍미가 차단된다. 이때 산미가 강한 와인을 선택하게 되면 지방의 진하고 무거운 느낌을 조금 가볍게 만들어주면서 식욕을 돋궈주는 역할을 발휘하게 된다. 따라서 스테이크에는 레드와인이라는 고전적인 법칙이 정

답이 아님을 인지하였을 것이다. 스테이크의 지방질은 산도가 높은 샴페인과 궁합이 더 좋은 경우가 많다.

또한 튀김류 혹은 전류의 경우 소비뇽 블랑처럼 산미가 높은 스틸와인도 좋지만, 스페인 까바도 좋은 조화이다. 치맥(치킨+맥주)가 마치 고전법칙이라면, 치와(치킨+와인, 특히 스파클링)로 새로운 노선을 정해보는 것도 추천한다.

243p. 사진 참고

② 짠맛

적절한 짠맛은 향미를 증진시킨다. 와인의 산미는 짠맛과도 잘 어울리는데, 샴페인과 캐비어, 까바와 짭짤한 스낵 등이 그렇다. 짠맛의 경우 타닌이 강한 음식과 함께 했을 때, 미각을 마르게 하기 때문에 잘 맞지 않으며, 오크향도 두드러지게 하는 영향을 미친다.

③ 매운맛

매운맛은 미각으로 느끼는 맛보다는, 입안을 얼얼하게 만드는 통각의 일종이라고 볼 수 있다. 고추나 후추와 같은 매운 맛은 음식의 활기를 주기 때문에 현대인들은 매운맛을 선호하는 편이다. 와인도 소스처럼 스위트한 와인이 매운맛을 감소시킬 수 있다. 만약 스위트한 와인이 싫다면, 가벼운 스타일의 와인도 좋다. 그러나 알코올도수가 높거나 혹은 타닌이 많은 스타일의 와인은 매운맛을 중화시키기보다는 더 강화시키는 영향을 미치기 때문에 피하는 것이 좋다.

④ 단맛

단맛은 향기를 부드럽게 해주는 특징이 있다. 그러나 스위트와인의 경우 조금 까다로울 수 있다. 너무 달콤한 와인은 음식을 질리게 할 수 있고, 너무 드라이하면 음식의 단맛은 강해지고 와인은 더 드라이하게 느껴질 수 있다. 즉, 단맛과 드라이한 맛은 둘 다 서로를 상쇄시킬 수 없다는 뜻이다. 즉, 스위트와인은 단맛과 함께 산미도 충분하다면 전체적 균형을 잘 맞출 수 있게 된다. 즉, 양념갈비와 같이 달콤한 소스에는 단맛이 있는 캘리포니아의 진판델 혹은 호주 쉬라즈와 잘 어울린다. 그러나 타닌이 강한 와인은 단맛의 감소시킬 수 있기 때문에 피하는 것이 좋다.

⑤ 신맛

사실, 산도가 높은 음식은 와인과 잘 어울리지 않는다. 와인이 상하면, 와인식초가 되는 것처럼 산도는 와인에게 숙명이자 치명적인 적이 된다. 따라서 음식의 산미에 와인이 흔들리지 않도록 산미가 있는 음식에 산미가 강한 와인을 선택하면 된다.

2) 코스로 식사를 하는 경우

우리나라는 한상차림으로 식사를 하지만, 서양식은 애피타이저 → 메인요리 → 디저트 순으로 식사를 하게 된다. 각 코스별로 적절한 와인은 다음과 같다. 그러나 매 코스마다 와인을 선택하기가 부담스럽다면, 코스 중에서 자신이 가장 좋아하는 요리를 기준으로 한 종류의 와인만 선택하는 것도 좋은 방법이다. 또한 화이트, 레드 어떤 와인을 선택해야 할지 모르겠다면, 모든 음식에 잘 어울리는 샴페인 혹은 로제와인을 선택하는 것도 좋다.

① 전채요리와 샐러드

샐러드에는 굳이 와인을 선택하지 않아도 된다. 만약 전채요리에도 와인을 선택하고 싶다면, 가벼운 스타일, 스파클링와인, 로제와인이 적당하다.

② 메인요리 – 고기류

– 붉은색의 고기(소고기, 양고기 등)에는 드라이한 레드와인이 어울린다.

– 가금류(닭고기, 오리고기 등) 및 흰색 육류(돼지고기, 송아지고기)에는 요리 후의 색깔이 거의 흰색에 가깝다. 이런 경우에는 화이트와인도 어울리지만, 어떤 소스를 사용했는지 고려해야 한다.

오리고기 스테이크. 보르도는 오리고기가 유명하여, 메인요리로 오리고기를 많이 먹는다.

스테이크

③ 메인요리 – 생선류

일반적으로 생선에는 화이트와인이 어울린다. 참치 혹은 연어처럼 붉은색 생선은 기름기가 많으므로 산도가 높은 레드와인도 훌륭한 조화를 보여준다(남아공의 피노따쥬).

농어 스테이크

미디움 웰던(Medium well-done)으로 굽고, 소스가 따로 없기 때문에 피노 누아, 피노타지를 추천

미디움(Medium)의 굽기에 화이트 소스와 곁들이기 때문에 샤르도네 추천

연어 스테이크. 두 사진 모두 연어 스테이크이지만, 어떻게 요리했는가에 따라 어울리는 와인이 조금 달라질 수도 있다.

④ 디저트

달콤한 디저트류에는 이와 비슷한 디저트 와인(소떼른, 포트, 아이스바인)이 잘 어울린다(유유상종이라고 할까?). 그러나 디저트도 종류에 따라 다른 종류의 와인을 선택하면 된다.

- **블루 치즈** : 소떼른
- **티라미수, 초콜릿** : 포트
- **카라멜, 크림 브휠레, 타르트** : 아이스바인
- **과일 생크림 케익** : 모스카토 다스티, 브라케토 다퀴(특히, 초콜릿케익 혹은 초콜릿이 입혀진 딸기와 잘 어울린다.)

3) 메뉴의 종류에 따른 와인 선택

와인마리아주를 설명하면서 신토불이의 원칙(이탈리아 요리 → 이탈리아와인, 프랑스 요리 → 프랑스와인)이 가장 기본이라고 하였지만, 무조건 따라야 하는 것은 아니라고 설명하였다. 특히, 한식을 주로 먹는 대한민국 국민이라면, 신토불이에 크게 동의하지 않을 수도 있다. 따라서 와인마리아주 및 페어링에 대한 다양한 사례와 기준을 제시하였다.

우리가 즐겨먹는 음식의 종류, 즉 한식, 중식, 일식, 양식 등에 따른 어울리는 와인을 살펴보도록 하자.

① **한식**

– 한식은 주로 마늘, 파, 양파 등의 향신료 등을 양념으로 많이 사용하고, 맵거나 짠맛이 많다. 이런 경우 리슬링, 게뷔르츠트라미너 등의 품종이 잘 어울린다.

– 만약 국물이 있는 요리라면, 주재료에 따라 선택하면 된다. 해산물이 많이 들어간 국물요리라면, 스파클링, 산도가 있는 화이트와인이 좋다. 삼계탕과 같이 국물이 진한 요리라면 오크 숙성된 샤르도네도 좋다.

– 불고기와 돼지갈비처럼 설탕과 간장으로 양념을 한 육류요리는 가벼운 레드가 좋다.

② **중식**

– 중식은 한식보다도 더 다채로운 향신료의 사용이 돋보이는 요리이다. 그러나 우리나라에서 맛볼 수 있는 중식의 종류는 제한적이다. 가장 많이 즐기는 중식은 탕수육인데, 돼지고기를 튀겨 달콤한 소스에 찍어먹는 탕수육은 까바와 같은 스파클링과 어울린다. 깐풍기와 고추잡채 같은 경우는 매콤한 맛이 강조된 요리이기에 로제와인이나, 브라케토 다퀴처럼 단맛이 나는 스파클링와인과 어울린다.

– 양장피와 같이 해산물이 많이 들어간 중식 같은 경우에는 소비뇽 블랑같이 산도가 높은 와인이 제격이다.

③ **일식**

– 일식은 주로 생선요리가 많다. 섬세하고 깔끔한 식감의 사시미인 경우 샤르도네나 소비뇽 블랑이 좋다.

– 지방 함량이 많은 연어 혹은 참치와 같은 경우 피노타지 와인과 잘 어울린다.

– 회전초밥이나 오마카세 같이 코스로 먹는 스시같은 경우 로제와인이 잘 어울린다.

④ 양식

- 양식은 신토불이를 적용하면 된다.
- 이탈리아 음식인 경우 이탈리아와인이 가장 좋으며, 파스타와 같은 경우 소스에 따라 와인의 색을 선택하면 된다. 토마토소스인 경우 끼안띠 레드와인, 크림소스나 오일소스인 경우는 피노 그리지오, 소아베와 같은 화이트와인을 선택하면 된다.
- 만약 스테이크인 경우, 등심 혹은 안심인지에 따라 타닌감을 정하여 선택하면 된다.

메뉴의 종류와 페어링할 때에는 소스, 맛의 구성, 분위기 등을 고려하여 적절히 선택하면 된다. 소고기 전골은 스테이크보다 육즙이 약하고, 국물요리이기 때문에 스파클링과 잘 어울린다. 사진의 스파클링은 프랑스 루아르의 슈냉블랑으로 생산된 스파클링 와인으로 소고기전골의 풍미와 매우 조화로운 페어링이었다.

5. 적절하지 않은 마리아주(Worst Match)

전통적으로 가벼운 요리에는 가벼운 와인, 무거운 요리에는 무거운 와인을 선택하는 것이 좋다. 그러나 와인에 어울리지 않는 식재료와 음식이 있다.

1) 와인에 어울리지 않는 식재료

와인에 어울리지 않는 식재료는 아티초크, 아스파라거스, 계란 노른자, 민트, 향신료 등이다. 그러나 이러한 식재료도 다른 식재료와 만나 어떤 요리방법과 소스를 사용했는지에 따라 와인과 어울릴 수도 있고, 어울리지 않을 수도 있다. 따라서 마리아주를 생각할 때, 와인만 생각하는 것이 아니라 음식에 대한 해박한 지식도 필수적으로 갖추어야 한다.

2) 적절하지 않은 마리아주

① 어패류 혹은 갑각류와 풀바디의 레드와인

- 레드와인의 타닌이 어패류의 단백질과 만나 비린 맛을 강화시키므로 피해야 한다.

② 스테이크 등의 고기류에는 화이트와인

- 묵직한 고기류는 가벼운 화이트와인을 감당할 수 없게 되어 음식과 와인이 조화를 이루지 못하게 된다.

③ 디저트류와 스파이시(Spicy)한 와인

- 달콤한 음식이 스파이시한 와인은 전혀 조화를 이루지 못해 상극이 되어버린다. 이럴때는 스파이시한 와인이 아니라 포트, 마데이라와 같은 주정강화 와인이 더 잘 어울린다.

APPENDIX

부 록

APPENDIX 1

Progressive WINE LIST

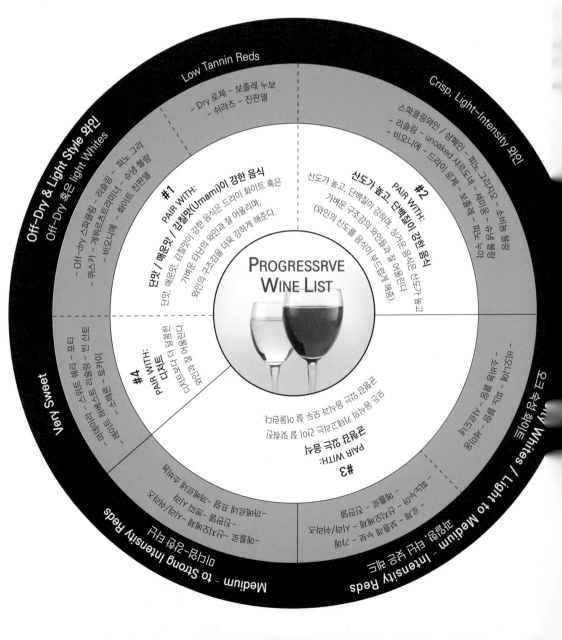

Progressive Food Menu

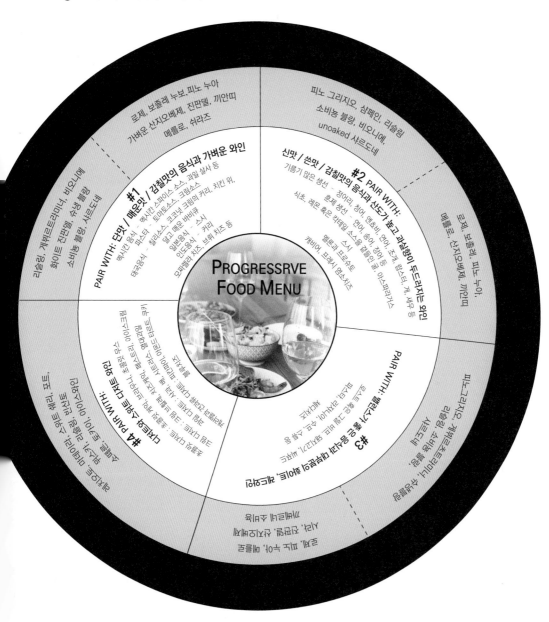

PROGRESSRVE FOOD MENU

로제, 보졸레 누보, 피노 누아
가벼운 산지오베제, 진판델, 끼안띠
메를로, 쉬라즈

PAIR WITH: 단맛 / 매운맛 #1
감칠맛의 음식과 가벼운 와인
멕시칸 음식 - 헥시칸 스파이스 소스, 과일 살사 등
파스타 - 토마토소스, 크림소스
뿔라스 - 코코넛 크림의 커리, 치킨 윙,
얼고 매운 바비큐
일본음식 - 스시
인도음식 - 커리
모짜렐라 치즈, 브뤼 치즈 등

피노 그리지오, 샴페인, 리슬링
소비뇽 블랑, 비오니에,
unoaked 샤르도네

#2 PAIR WITH: 신맛 / 쓴맛 / 감칠맛의 음식과 산도가 높고 과실향이 두드러지는 와인
기름기 많은 생선
훈제 생선 - 청어, 장어, 멸치,
식초, 레몬 혹은 카테일 소스를 곁들인 굴, 게, 새우 등
멜론과 프로슈토
캐비어, 프라시 염소치즈

리슬링, 게뷔르츠트라미너
화이트 진판델, 소비뇽 블랑

뻬가와 소비뇽 블랑

#4 PAIR WITH:
디저트와 약간 더 달콤한 와인
초콜릿 디저트 - 로제 샴페인, 브라케토 다퀴,
루비 혹은 토니 포트
바닐라 디저트 - 모스까토 다스티, 뱅 돌
과일 디저트 - 모스까토 다스티, 아이스 와인
쿠키 디저트 - 크림 셰리, 토니 포트

#3 PAIR WITH:
강하게 향신료로 양념한 매콤한 음식과 화이트, 레드와인
양고기, 돼지고기, 소고기 등
베이컨, 훈제 소시지, 스테이크
등

리슬링, 스위트 셰리, 포트
제뷔르츠트라미너, 비오니에

로제, 피노 누아, 메를로
시라, 진판델, 산지오베제
까베르네 쇼비뇽

모젤, 보졸레, 피노 누아,
메를로, 산지오베제, 끼안띠

피노그리지오
리슬링 까베르네 소비뇽, 쉬라즈

APPENDIX 2

Progressive WINE LIST

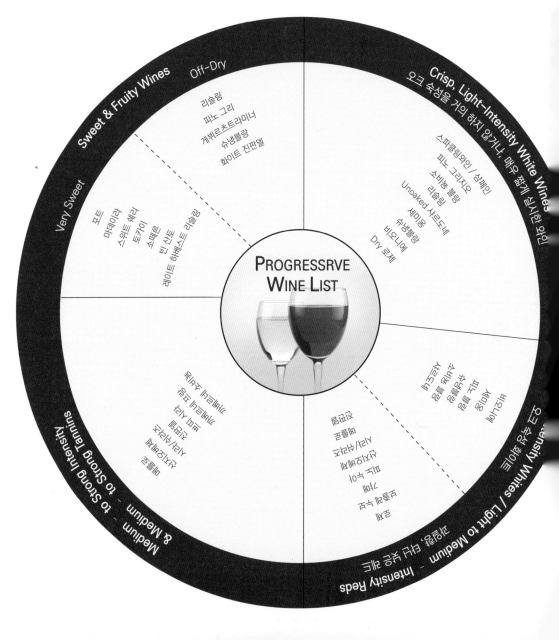

Crisp, Light-Intensity White Wines
오크 숙성을 거의 하지 않거나, 매우 짧게 실시한 와인

스파클링와인 / 샴페인
피노 그리지오
소비뇽 블랑
Unoaked 샤르도네
리슬링
세미용
슈냉블랑
비오니에
Dry 로제

Sweet & Fruity Wines   Off-Dry

리슬링
피노 그리
게뷔르츠트라미너
슈냉블랑
화이트 진판델

Very Sweet

포트
마데이라
스위트 셰리
토카이
소테른
빈 산토
레이트 하베스트 리슬링

Medium - to Strong Intensity
& Medium - to Strong Tannins

까베르네 소비뇽
까베르네 프랑
메를로
말벡
시라 / 쉬라즈
진판델

Low - to Medium Intensity Whites / Light to Medium - Intensity Reds
가벼운 화이트 와인 / 가벼운 중간 레드

시라즈
가메이
삐노 누아
끼안티
바르베라
발폴리첼라
로제

오크 숙성 화이트
화이트 부르고뉴
샤르도네
세미용

PROGRESSRVE WINE LIST

Progressive Wine & Cheese Wheel

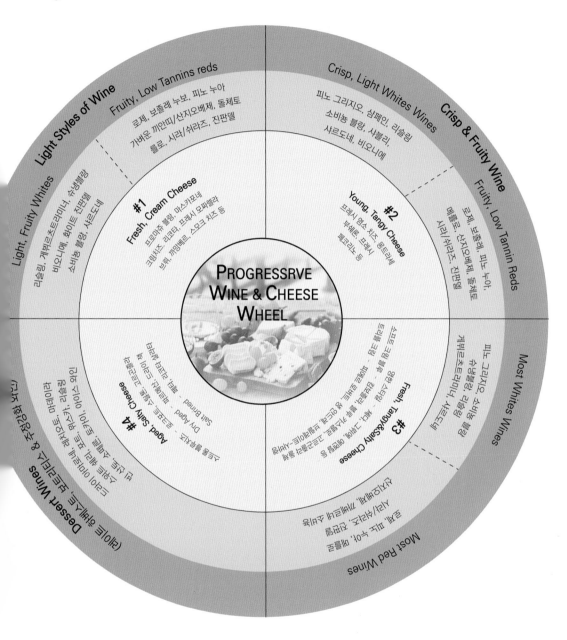

Light Styles of Wine

Fruity, Low Tannins reds

로제, 보졸레 누보, 피노 누아
가벼운 끼안띠/산지오베제, 돌체토
틀로, 시라/쉬라즈, 진판델

Light, Fruity Whites

리슬링, 게뷔르츠트라미너, 슈냉블랑
비오니에, 화이트 진판델
소비뇽 블랑, 샤르도네

#1
Fresh, Cream Cheese
피트마츄 블랑, 마스카포네
크림치즈, 리코타, 프레시 모짜렐락
브리, 까망베르, 스모크 치즈 등

PROGRESSRVE WINE & CHEESE WHEEL

Crisp, Light Whites Wines

피노 그리지오, 샴페인, 리슬링
소비뇽 블랑, 샤블리,
샤르도네, 비오니에

Crisp & Fruity Wine

Fruity, Low Tannin Reds

로제, 보졸레, 피노 누아
메를로, 산지오베제, 돌체토
시라/쉬라즈, 진판델

#2
Young, Tangy Cheese
프레시 염소 치즈, 몽트라쉐
부쉐론, 프레시
페크리노 등

Most Whites Wines

피노 그리지오, 소비뇽 블랑
슈냉블랑, 리슬링
게뷔르츠트라미너, 샤르도네

Dessert Wines

(레이트 하비스트)
달콤한 아이스와인, 마데이라
포트 와인, 셰리, 리슬링
귀부와인, 뱅 드 빠이유

#4
Aged, Salty Cheese
Dry Aged - 꼼떼, 뻬르
Salt Brined - 페타, 꼬따주

파르미지아노 레지아노
아지아고, 고다, 체다,
블루치즈 등

#3
Fresh, Tangy&Salty Cheese
스모크 크림치즈 - 몽트라쉐
파트마츄 블랑, 몽트라쉐, 셰브레
부쉐론, 프레시 페크리노, 아지아고
프레시 모짜렐락, 리코타, 페타 등

부라타, 피노 누아, 메를로
시라/쉬라즈, 까베르네 쇼비뇽

Most Red Wines

APPENDIX 3

와인을 표현하는 맛 46가지

1. **aggressive(억센)** : 잇몸이 아릴 정도로 신맛, 또는 타닌이 너무 많아 목구멍 뒷부분이 바싹 마를 정도의 신맛이 난다.

2. **aromatic(아로마가 그윽한)** : 모든 와인에는 아로마가 있다. 그러나 아로마가 그윽한 와인은 특히 톡 쏘거나 향기가 진하다. 게뷔르츠트라미너 같은 향기로운 품종으로 만든다.

3. **astringent(떫은)** : 입 안이 쩍 달라붙을 만큼 타닌 맛이 강하다.

4. **big(바디가 가득한)** : 과일향, 신맛, 타닌, 알코올 등 여러 가지 맛과 향이 어울리는 의미를 말하며 풀바디라고도 한다.

5. **bold(현저한)** : 산도, 당분, 타닌, 알코올이 균형을 이뤄 향이 뚜렷하고 쉽게 감별할 수 있다.

6. **buttery(버터 냄새가 나는)** : 오크 숙성을 통해 버터 냄새가 난다.

7. **chewy(씹히는 듯한)** : 타닌이 많고 맛이 강하지만 억세지 않다.

8. **clean(깔끔한)** : 박테리아나 화학 불순물이 느껴지지 않아 깔끔하고 산뜻하다.

9. **complex(복잡 미묘한)** : 여러 가지 향이 함께 느껴진다(와인을 한 단어로 표현하기 어려울 때 가장 많이 사용하는 단어).

10. **crisp(상쾌한)** : 신맛이 적당히 들어 있어 상쾌한 기분이 든다.

11. **deep(깊이 있는)** : 향이 미묘하고 풍부하다. 복합 미묘한 향과 같은 종류이다.

12. **dry(드라이)** : 단맛이 느껴지지 않는다.

13. **dull(맛이 없는)** : 딱히 무슨 맛이라 말할 수 없이 유쾌하지 않은 맛을 말하며, 공기 노출이 지나쳤다는 표시로 표현하기도 한다.

14. **dusty(더스티)** : 드라이하면서 흙냄새가 약간 난다. 레드와인에서 가끔 맡게 되는데, 멋진 과일향과 어울리면 아주 매력적인 와인이 될 수 있다(산지오베제 등).

15. **earthy(흙냄새가 나는)** : 축축한 흙냄새와 향을 풍긴다. 깔끔한 와인에서 아주 좋다.

16. **fat(매끄러운)** : 풀 바디하고 입 안을 매끄럽게 감싼다.

17. **firm(맛이 견고한)** : 맛이 조화롭고 확실할 때 쓴다(맛이 약하다는 말과 반대되는 표현).

18. **flabby(맛이 연약한)** : 신맛이 부족해서 맛이 분명하지 않다.

19. **fresh(프레시한)** : 싱싱한 과일맛과 신맛이 조화를 이루고 있다.

20. **full(향이 무겁고 진한)** : 입 안에서 무게가 느껴진다.

21. **grassy(풀냄새가 나는)** : 갓 베어 낸 풀냄새가 난다. 고추 열매, 구스베리 또는 라임향이라고 하는 것이 더 정확하다.

22. **green(풋풋한)** : 제대로 숙성되지 않아 맛이 기대에 미치지 못할 때 쓴다. 하지만 기후가 서늘한 지역의 레드와인에서는 풀잎 냄새가 난다. 일부 화이트와인에서는 구스베리나 사과향이 어울려 프레시하고 톡 쏘는 맛을 낸다.

23. **hard(맛이 강한)** : 레드와인은 타닌 맛이 강하고, 화이트와인은 신맛이 강해 몸이 쭈뼛거릴 정도일 때 사용한다. 맛이 견고한(firm) → 맛이 강한(hard) → 억센(aggressive) 순으로 강도가 강해진다.

24. **jammy(잼 같은)** : 졸인 과일향이 난다. 주로 레드와인에서도 풍긴다.

25. **light(가벼운)** : 알코올이나 바디가 적어 깔끔한 맛이 난다.

26. **meaty(육질의)** : 진한 레드와인에서 느껴지는 강하고 씹히는 맛으로 실제 고기 맛이 난다.

27. **minerally(미네랄 냄새가 나는)** : 독일 와인과 프랑스 루아르 밸리 와인에서 자주 나는 냄새로 부싯돌이나 분필 냄새가 난다.

28. **neutral(뉴트럴한)** : 향이 뚜렷하지 않다.

29. **oaky(오크향을 풍기는)** : 새 오크통에서 숙성된 와인은 약간 스위트한 바닐라향, 토스트 냄새, 버터 냄새가 난다.

30. petrol(휘발유 냄새를 풍기는) : 리슬링으로 만든 숙성된 와인에서는 기분좋은 휘발유 냄새가 난다.

31. piercing(쿡쿡찌르는 듯한) : 산도가 아주 높을 때나 과일향이 진동할 때 느낄 수 있다.

32. powerful(향이 강렬한) : 다양한 맛과 향이 담겨진 와인을 표현하지만, 특히 알코올 함량이 높은 와인일 경우에 많이 쓴다.

33. prickly(알싸한) : 잔류 이산화탄소 가스로 인해 거품이 약간 일어난다. 깔끔한 화이트 와인에서는 무척 산뜻한 느낌을 준다.

34. rich(감칠맛이 나는) : 맛이 무겁고 진하면서도 향이 적당하고 알코올이 가득하다.

35. ripe(농익은) : 잘 익은 포도로 만든 와인에서 나는 맛 좋은 과일향이다. 제대로 익지 않은 와인에서는 풋풋한 냄새가 날 수도 있다.

36. rounded(향이 조화로운) : 향이 지나치게 자극적이지 않고 만족스럽다.

37. soft(부드러운) : 거친 타닌이나 강한 신맛이 없어 부담 없이 즐길 수 있다.

38. spicy(향긋한 또는 매콤한) : 게뷔르츠트라미너의 이국적인 향과 호주산 쉬라즈 와인에서 나는 후추, 계피 등의 향이다. 그 외에 오크 숙성으로 향긋한 향이 생기기도 한다.

39. steely(쇠같이 단단한) : 강한 신맛과 과일향은 적지만 바디가 약하지 않을 때 사용한다.

40. stony(돌처럼 단단한) : 드라이하고 미네랄 냄새처럼 분필향이 나지만 활기는 떨어진다.

41. structured(맛이 짜여진) : 신맛과 타닌이 기본을 이루면서 과일향이 적당히 감싸고 있다.

42. supple(순한) : 활기차고 연한 느낌으로, 향보다는 와인의 식감을 표현한 말이다.

43. sweet(스위트한) : 당도가 높을 뿐 아니라 감미롭고 농익은 과일향이 난다.

44. tart(시큼한) : 덜 익은 사과처럼 매우 톡 쏘면서 신맛이 난다. 기세가 약하고 과일향이 적으면서 산도가 높아 무척 시다.

45. toasty(토스트 냄새가 나는) : 오크 숙성으로 생긴 버터 바른 토스트 냄새이다.

46. upfront(솔직한) : 와인의 맛을 있는 그대로 보여준다. 맛이 애매하지 않고 분명하다.

출처: 오즈클라크의 와인 이야기

APPENDIX 4

양조 용어

Destemming

포도를 수확한 후 양조의 첫 단계로 줄기에서 포도를 분리하는 작업이다. (égrappage-에
그라빠쥬, eraflage-에라폴라쥬)

Crushing

포도즙을 발효시키기 전에 포도즙이 나오도록 하기위해 살짝 압착하여 포도알을 가볍게 터
트리는 과정. (foulage-플라쥬)

Draining

포도알을 가볍게 으깬 후 포도즙이 흘러 떨어지도록 놓아두는 과정으로 이 과정에서 나오
는 주스를 free-run juice라고 한다. (égouttage-에구따쥬)

Free-run juice

포도알을 가볍게 으깨어 놓은 상태에서 자연스럽게 흘러 내려 모아진 포도즙을 free-run
juice라고 한다.

Must

포도알을 으깬 상태에서 나오는 포도 주스도 와인도 아닌 상태의 걸쭉한 상태의 즙을 말한
다. 레드와인인 경우에는 포도즙과 포도껍질, 씨, 포도 과육 등이 섞여 있는 must를 발효조
에 넣어 1차 알코올 발효를 시킨다. (moût-무)

Sulphur dioxide

포도껍질에는 발효에 필요한 양질의 자연 효모 이외에 잡균도 많이 붙어 있기 때문에 포도
를 파쇄시킨 후 Sulphur dioxide 성분인 SO_2를 첨가하여 부패균과 포도에 붙어 있던 야

생 효모 등의 유해한 미생물 등의 존재를 저지하거나 과즙의 산화를 방지하는 데 사용되고 있다. (일본, 미국 - 350ppm까지 허용되며 EU에서는 400ppm까지 허용되고 있다.)

Yeast(optional)
요즘에는 천연의 효모와 잡균을 사멸시킨 다음에 미리 순수 배양한 양질의 효모를 새로 첨가하여 발효시키기도 한다.

Alcoholic fermentation
포도 속의 당분이 효모에 의하여 알코올과 탄산가스로 변화하는 반응을 말한다.

Maceration
포도껍질, 씨, 과육 등을 포도즙과 접촉시킨 상태로 발효를 진행시키는 방법을 말한다. 이 방법으로 인해 색, 아로마, 타닌 등이 더 많이 추출되는데 2~3주간의 기간을 필요로 한다.

Malolatic fermentation(MLF)
알코올 발효 후 시행하는 발효법으로 와인 속의 산미의 주요인인 사과산이 유산균에 의하여 유산과 탄산가스로 분해되는 반응을 말한다.

Carbonic maceration
큰 밀폐 스테인리스 발효 탱크에 수확한 포도를 파쇄하지 않고 그대로 가득 채우고 유해한 미생물의 활동을 방지하기 위하여 뚜껑을 닫고 탄산가스 기류 속에 수일간 밀폐해두는 방법이다.

Cap
레드와인 발효 중에 포도껍질, 씨, 과육, 줄기 등의 고형물이 포도즙 위로 부글부글 떠올라 형성된 층을 말한다. (불어 : Chapeau, 샤뽀)

Punching down(treading)
색, 타닌, 풍미를 충분히 추출하기 위해서 위에서 발효통 위에 떠 있는 cap을 아래로 눌러 포도즙과 접촉시키는 과정을 말한다. 포도껍질이 얇은 Pinot Noir를 이용한 양조법에 사용된다. (불어: Pigeage, 삐자쥬)

Pumping over
레드와인 양조에서 색, 타닌, 풍미 등을 추출하는 동시에 떠 있는 껍질, 씨, 과육, 줄기 등이 마르지 않도록 하기 위해 와인을 발효통 아래로 뽑아 다시 통 위로 부어 통 속에 남아있는 찌꺼기를 적셔주는 과정을 말한다. 프랑스 Carbonieux에서는 처음 일주일 동안은 아침,

저녁으로 실시해주기도 한다고 한다. Pumping over 이외에 휘젓기를 일주일에 한 번 정도 해주기도 한다. (Remontage-흐몽따쥬)

Running off

발효 후에 레드와인을 중력에 의해 밑으로 흘러내리게 하여 껍질이나 씨 등의 찌꺼기와 분리하는 작업을 말한다. (écoulage-에꿀라쥬)

Free-run wine

레드와인 양조 시 발효가 끝난 후 발효통에서 running off(écoulage : 에꿀라쥬) 과정을 통해서 흘러내려 모아진 와인을 free-run wine이라고 일컫는다. free-run wine(vin de goutte : 뱅드구뜨)에 press wine(vin de press : 뱅드프레스)을 섞으면 와인이 단단한 골격을 갖추게 된다.

Pressing

crushing보다는 포도알이나 포도의 껍질, 씨, 과육, 작은 줄기 등으로 된 찌꺼기를 좀 더 강하게 압착하는 과정이다. 실제적으로는 구별 없이 쓰이고 있다. 발효 후 처음 얻은 와인이 free-run wine이며 발효통 속의 찌꺼기만을 압착하여 얻은 와인이 press wine이라 하며 따로 보관되어지고 마지막으로 남는 찌꺼기 덩어리가 pomace(marc)이다. 보통 free-run wine에 press wine을 10~15% 블렌딩하여 골격과 바디가 풍부한 무게감 있는 레드와인을 만들어 내고 있다.

Pomace

포도알을 압착해서 포도즙을 빼내고 남은 포도껍질, 씨, 작은 줄기 등이 뭉쳐진 덩어리로 이를 증류해서 증류주인 오드비를 만들기도 한다. (marc-마르)

Maturing

숙성 시 cellar 온도는 12~15도를 유지시켜 주어야 한다.

Racking

와인을 숙성시키는 동안 와인을 통(barrel) 밑에 쌓인 침전물과 분리하기 위해 다른 통으로 옮겨주는 과정이다. 침전물 제거와 또한 통 속의 찌꺼기를 그냥 놔두면 와인은 부패 현상(품질 저하)이 발생하기도 하는데 이를 방지하기 위함이다. 일반적으로 첫해 3~4번 정도 실시하며 두 번째 해에는 1~2번 정도 racking을 해준다.

Topping, Topping up

와인을 숙성시키는 동안 오크통의 틈새를 통해 와인이 증발하거나 racking으로 생기는 손실분(ullage)을 같은 와인으로 채워주는 과정을 말한다. 와인이 공기와 접촉하여 산화되는 것을 막아 최상의 숙성 상태를 유지하기 위해 topping을 하는데 보통 일주일에 두 번 정도 해주며 new 오크통은 3주마다 보충해주기도 한다. (ouillage-우야쥐)

Fining

와인 병입 전에 첨가물을 사용하여 와인을 탁하게 할 수 있는 미세분자들을 통 바닥에 모이게 하여 제거하는 clarification의 한 과정으로 벤토나이토, 젤라틴, 카제인, 계란 흰자 등이 사용된다. 평균 병입 6개월 전에 행하여 한 달 동안 이루어진다. 이때 계란 흰자는 한 통에 4~5개가 사용되어지며 오크통 안에서는 산소와 SO_2가 없기 때문에 상하지 않는다. (collage-꼴라쥬)

Filtering

와인을 병입하기 전에 필터에 통과시킴으로써 와인에 나쁜 영향을 줄 수 있는 이스트 찌꺼기나 미생물, 기타 침전물 등을 걸러내는 clarification의 한 과정이다. 와인이 숙성되는 과정에서 풍미와 개성을 부여할 수 있는 요소까지도 모두 걸러내버리는 여과 과정을 반대하는 양조자들도 많다. 레이블에 "UNFILTERED"는 와인을 필터에 통과시키지 않았음을 의미한다.

Assemblage

blending과 같은 말로 coupage(꾸빠쥬)라는 용어로도 쓰인다.

Élevage(엘르바쥬)

1차 발효 이후의 단계에서부터 병입까지의 전 과정을 말한다.

Chai(쉐)

프랑스 특히 보르도 지방에서 쓰이는 말로 와인 저장고의 역할을 할 수 있는 와인 건물을 말한다.

Matre de chai(메트르 드 쉐)

와인의 양조와 숙성 과정을 총감독하는 사람으로 cellar master와 같은 말이다.

APPENDIX 5

품종별 특징

청포도 품종 특징

포도품종	최적의 재배지	Body	색깔	숙성 잠재력
피노그리	이탈리아	라이트 바디		어릴 때 마시기 좋음
슈냉블랑	프랑스 알자스 캘리포니아		연한 녹색, 연한 레몬색	
소비뇽 블랑	프랑스 루아르 밸리 뉴질랜드 킬래포니아 (퓌메 블랑)			
세미옹	프랑스 소떼른		연한 녹색, 볏짚색, 연한 레몬색	
게뷔르츠트라미너	프랑스 알자스			
비오니에	프랑스 론			
리슬링	독일 프랑스 알자스			
샤르도네	프랑스 부르고뉴 상파뉴 캘리포니아	풀바디	노란색 (숙성될수록 황금색)	장기숙성 가능

적포도 품종 특징

포도품종	최적의 재배지	Body	타닌	색깔농도	숙성 정도
갸메	프랑스 보졸레	라이트 바디	낮은	비교적 연함	어릴 때 마시기 좋음
피노 누아	프랑스 부르고뉴/ 샹파뉴 캘리포니아, 오리건				
템프라니요	스페인 리오하				
산지요베제	이탈리아 토스카나				
메를로	프랑스 보르도 캘리포니아(나파)				
진판델	캘리포니아				
까베르네 소비뇽	프랑스 보르도 캘리포니아(나파) 칠레				
네비올로	이탈리아 피에몬테				
쉬라 / 쉬라즈	프랑스 론 호주, 캘리포니아	풀바디	높음	비교적 진함	숙성이 필요한 와인

France
Selected
Viticultural
Regions

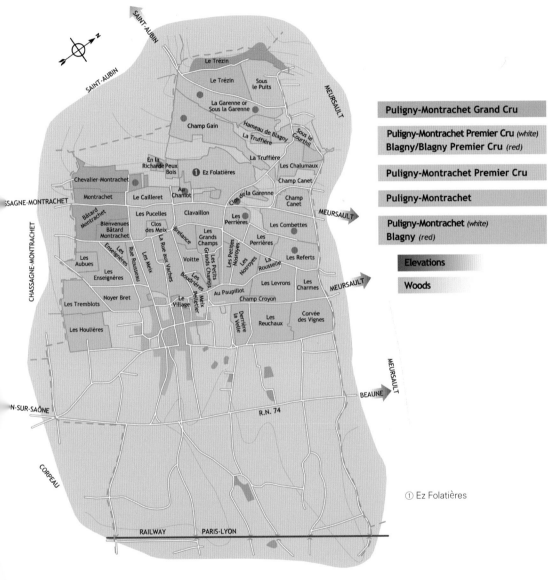

Puligny-Montrachet Grand Cru

Puligny-Montrachet Premier Cru (white)
Blagny/Blagny Premier Cru (red)

Puligny-Montrachet Premier Cru

Puligny-Montrachet

Puligny-Montrachet (white)
Blagny (red)

Elevations

Woods

① Ez Folatières

옆의 레이블을 해석해보자. 올리비에 르플레이브 프레르(네고시앙)가 꼬뜨 드 본의 뿔리니 몽라쉐 마을 프리미에 크뤼 밭에서 포도(샤르도네)를 가지고 왔다. 프리미에 크뤼 중에서도 EZ FOLATIÈRES라는 밭의 포도만 사용하여 양조하였기 때문에, 포도밭의 이름을 레이블에 표기할 수 있는 것이다.

≡ 참고문헌

• 마이클 슈스터(2010). 와인 테이스팅의 이해(개정판). 손진호 · 이효정 옮김. 서울: 바롬웍스

• 오즈 클라크(2007). 와인 이야기. 정수경 옮김. 서울: 푸른길

• 이자윤(2014). 와인과 소믈리에론. 경기: 백산출판사

• 코지마 하야토(2011). 와인의 교본. 다니구찌 기요미 옮김. 정원희 감수. 경기: 교문사

• 케빈 즈랠리(2013). 와인바이블. 정미나 옮김. 서울: 한스미디어

• 타라 토마스(2012). 와인 101. 박원숙 옮김. 서울: 가산출판사

• Hugh Johnson & Jancis Robinson(2005). The world atlas of wine. London: Mitchell Beazley

• Jansis Robinson(2000). How to Taste. NY: Simon & Schuster

• Robert J. Harrington(2008). Food and wine paring – A sensory experience. NJ: John Wiley&Sons

• Tom Stevenson(2001). The new Sotheby's wine encyclopedia: 3rd American ed. NY: DK

• Weldon Owen Inc.(2006). The wine guide. CA: Weldon Owen Inc.

저자 소개

이자윤

- 현) 백석예술대학교 외식학부 부교수
  한국외식음료개발원 소믈리에 및 바리스타 심사위원
  한국외식음료개발원 워터소믈리에 분과장
  WSET Level 3(Pass with Distinction)

- 세종대학교 호텔관광경영학 박사
- 경희대학교 마스터소믈리에 와인컨설턴트과정 수료
- CIVB 보르도와인 마스터과정 수료
- 독일 GWA(German Wein Academy) 연수
- 프랑스 보르도 CAFA & 부르고뉴 CFPPA 연수
- 남아공 Cape Wine Academy 연수

- 2015년, 한국음식관광박람회 식음료 경연대회 와인소믈리에 부문 심사위원장
- 2013년, 2017년 Berliner Wein Trophy 심사위원
- 2017년, 2020년 Asia Wine Trophy 심사위원

- 워커힐 외부사업팀 근무
- 와인 수입업체 마케팅 & 와인교육 담당

주요저서 : 와인과 소믈리에론(2014), 백산출판사
               The Sommelier of Water & Tea(2021), 창지사 .

E-mail: jylee@bau.ac.kr

저자와의
협의하에
인지첩부
생략

와인과 음식

2021년 3월 10일 초 판 1쇄 발행
2022년 8월 30일 제2판 1쇄 발행
2024년 8월 31일 제2판 2쇄 발행

지은이 이자윤
펴낸이 진욱상
펴낸곳 (주)백산출판사
교 정 성인숙
본문디자인 신화정
표지디자인 오정은

등 록 2017년 5월 29일 제406-2017-000058호
주 소 경기도 파주시 회동길 370(백산빌딩 3층)
전 화 02-914-1621(代)
팩 스 031-955-9911
이메일 edit@ibaeksan.kr
홈페이지 www.ibaeksan.kr

ISBN 979-11-6567-556-1 93570
값 29,500원

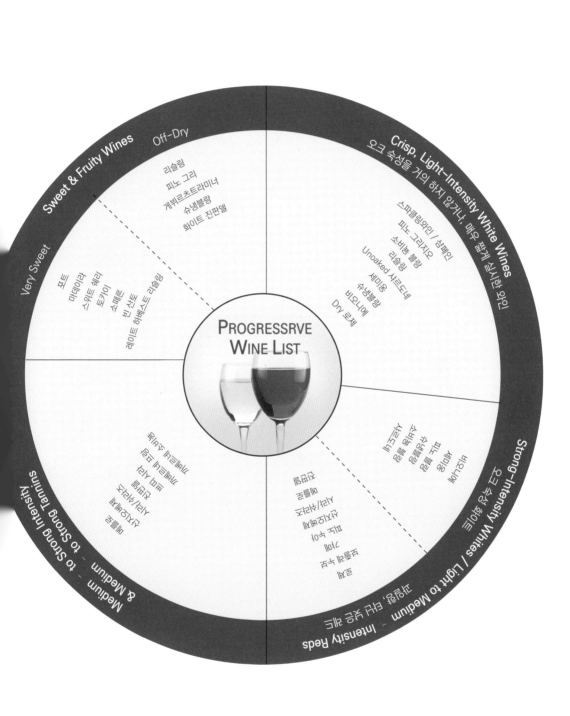

PROGRESSRVE
WINE LIST

Off-Dry

라슬링
피노 그리
게뷔르츠트라미너
슈냉블랑
화이트 진판델

Sweet & Fruity Wines

Very Sweet

포트
마데이라
스위트 셰리
토카이
소테른
빈 산토
레이트 하베스트 리슬링

Crisp, Light-Intensity White Wines
오크 숙성을 거의 하지 않거나, 매우 짧게 실시한 와인

스파클링와인 / 샴페인
피노 그리지오
소비뇽 블랑
리슬링
Unoaked 샤르도네
세미용
슈냉블랑
비오니에
Dry 로제

Strong-Intensity Whites / Light to Medium - Intensity Reds
오크 숙성 화이트와인 / 라이트 미디엄 레드

샤르도네
비오니에
슈냉블랑
세미용
피노 누아
보졸레 누아
가메
시라/쉬라즈
산지오베제
키안티
메를로
발폴리첼라

Medium - to Strong Intensity / Medium & Medium - to Strong Tannins

메를로
진판델/지라
산지오베제
끼안티
카베르네 소비뇽
바르베라
까베르네 프랑

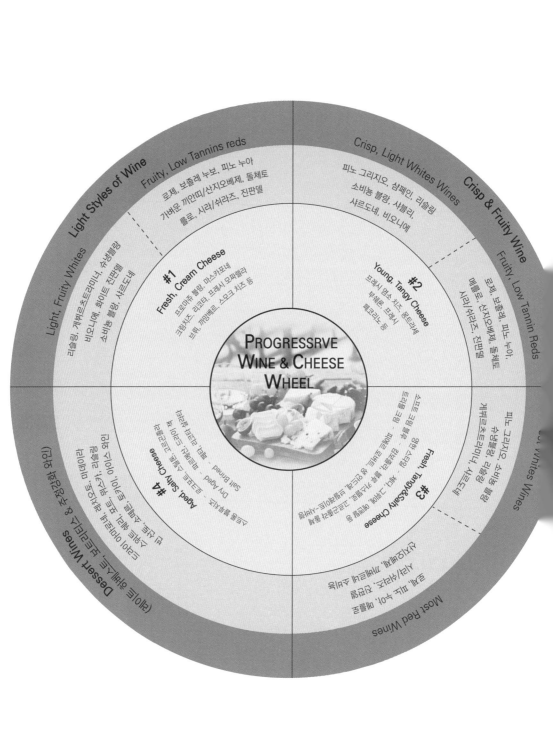

PROGRESSRVE
WINE & CHEESE
WHEEL

Light Styles of Wine

Fruity, Low Tannins reds

로제, 보졸레 누보, 피노 누아
가벼운 끼안띠/산지오베제, 돌체토
끌로, 시라/쉬라즈, 진판델

Light, Fruity Whites

리슬링, 게뷔르츠트라미너, 수냉블랑
비오니에, 화이트 진판델
소비뇽 블랑, 샤르도네

#1
Fresh, Cream Cheese

프로마쥬 블랑, 마스카포네
크림치즈, 리코타, 프레시 모짜렐라
쉐브, 까망베르, 스모크 치즈 등

Crisp, Light Whites Wines

Crisp & Fruity Wine

피노 그리지오, 샴페인, 리슬링
소비뇽 블랑, 샤블리,
샤르도네, 비오니에

Fruity, Low Tannin Reds

돌체, 보졸레, 피노 누아,
메를로, 산지오베제, 돌체토
시라/쉬라즈, 진판델

#2
Young, Tangy Cheese

프레시 염소 치즈, 몽트라세
부쉐론, 프래시
페코리노 등

#4
Aged, Salty Cheese

Dry Aged - 파르미지아노 레지아노
만체고, 아시아고, 페코, 페타
Salt Brined - 아시아고, 페타

#3
Fresh, Tangy&Salty Cheese

소프트 염소 치즈 등

Dessert Wines

다양한 샴페인, 리슬링
소테른, 혹은 귀부, 토카이,
아이스와인, 포트 등

Most Red Wines

로제, 피노 누아, 메를로
시라/쉬라즈, 까베르네 소비뇽

White Wines Wines

피노 그리지오, 소비뇽 블랑
게뷔르츠트라미너, 샤르도네